海洋资源环境承载能力评价预警技术与实践

张志锋　索安宁　杨正先　等著

海洋出版社

2019 年 · 北京

图书在版编目（CIP）数据

海洋资源环境承载能力评价预警技术与实践/张志锋等著. —北京：海洋出版社，2019.12

ISBN 978-7-5210-0447-2

Ⅰ.①海…　Ⅱ.①张…　Ⅲ.①海洋资源–环境承载力–预警系统–研究　Ⅳ.①P74 ②X834

中国版本图书馆 CIP 数据核字（2019）第 237047 号

责任编辑：白　燕

责任印制：赵麟苏

海洋出版社　出版发行

http：//www.oceanpress.com.cn

北京市海淀区大慧寺路 8 号　邮编：100081

北京新华印刷有限公司印刷　新华书店发行所经销

2019 年 12 月第 1 版　2019 年 12 月北京第 1 次印刷

开本：889mm×1194mm　1/16　印张：12

字数：159 千字　定价：110.00 元

发行部：62147016　邮购部：68038093　总编室：62114335

海洋版图书印、装错误可随时退换

《海洋资源环境承载能力评价预警技术与实践》
编写组成员

张志锋　索安宁　杨正先　卫宝泉

苏　岫　鲍晨光　张振冬　石洪华

王　俊　张　哲　孙　倩　文世勇

前　言

　　建立资源环境承载能力监测预警工作机制是党的十八届三中全会提出的一项新的改革举措，是测度经济社会可持续发展水平，并对超出或即将超出资源环境承载能力的人为开发活动提出预警并进行科学调控的重要管理抓手。2016 年 9 月，国家发改委、国家海洋局等 13 部委联合下发"关于印发《资源环境承载能力监测预警技术方法（试行）》的通知"（发改规划［2016］2043 号），资源环境承载能力预警技术方法的研究进入全面试行阶段。2017 年 9 月，中共中央办公厅、国务院办公厅印发了《关于建立资源环境承载能力监测预警长效机制的若干意见》，要求推动实现资源环境承载能力监测预警工作规范化、常态化、制度化，引导和约束各地严格按照资源环境承载能力谋划经济社会发展。在国土空间规划等的最新工作要求中，也把资源环境承载能力作为调整和优化国土空间格局的重要依据。

　　海洋是我国的蓝色国土，是发展海洋经济，建设海洋强国，落实生态文明战略部署和"一带一路"倡议的重要战略空间。海洋资源环境承载能力监测预警工作是全国资源环境承载能力监测预警工作的重要组成部分，是依法管海、从严治海、调整优化海洋保护与开发空间格局的重要管理抓手。在国家对资源环境承载能力监测预警工作总体要求下，加强海洋资源环境承载能力相关理论、政策、技术方法和试点研究，并逐步形成一套科学有效的监测预警支撑技术体系，是推进建设海洋资源环境承载能力监测预警长效机制的基础和保障。

　　2014 年国家发展改革委员会组织成立了由中国科学院地理与资源研究所牵头，国家海洋局、环境保护部、国土资源部、水利部等部委下属技术单位共同参与的全国资源环境承载力技术研究专家组，共同研究制定资源环境承载力监测预警技术方法。其中海洋资源环境承载能力监测预警技术研究专家组由国家海洋环境监测中心牵头组织，自然资源部第一海洋研究所、黄海水产研究所等单位参与研究。针对海洋资源环境的复杂性特点，海洋资源环境承载能力监测预警技术研究专家组划分为海洋环境专家小组，由国家海洋环境监测中心张志锋研究员负责；海洋渔业资源专家小组，由中国水产科学研究院黄海水产研究所王俊研究员负责；海域海岸线资源专家小组，由中国科学院南海海洋研究所索安宁研究员负责；无居民海岛资源环境专家小组，由自然资源部第一海洋研究所石洪华研究员负责；海洋生态专家小组，由国家海洋环境监测中心张振冬教授级高级工程师负责；综合集成专家小组，由国家海洋环境监测中心杨正先高级工程师负责。

　　海洋资源环境承载能力监测预警技术研究专家组依照全国资源环境承载能力监测

预警技术框架，组织开展了海洋资源环境承载能力概念内涵剖析，基础评价、专项评价、过程评价的范围界定、指标遴选、评价方法研究制定等工作，2015年初步形成海洋资源环境承载能力监测预警技术方法体系，并开展了全国性的海洋资源环境承载能力监测预警摸底试评价。2016年海洋资源环境承载能力监测预警技术方法纳入全国资源环境承载力监测预警方法，由国家发展改革委员会发布试行；组织开展了两次全国海洋资源环境承载能力监测预警技术培训。2017年，根据长江经济带发展战略规划实施的技术需求，开展了长江口及邻近海域资源环境承载能力监测预警试评价工作；参与了《关于建立资源环境承载能力监测预警长效机制的若干意见》的拟定工作。2018年，根据渤海环境综合治理攻坚战组织实施的技术需求，开展了环渤海资源环境承载力监测预警试评价工作。

本书是海洋资源环境承载能力监测预警技术研究专家组对近年来开展的海洋资源环境承载能力监测预警技术研究及试点评价工作成果的总结和凝练。全书共分为十章，第一章海洋资源环境承载能力概述，由张志锋、杨正先负责撰写；第二章海洋资源环境承载能力监测预警技术框架由张志锋、索安宁负责撰写；第三章海洋资源环境承载能力基础评价方法由索安宁、王俊、张振冬、石洪华负责撰写；第四章海洋资源环境承载能力专项评价方法由索安宁、王俊、苏岫、张振冬负责撰写；第五章海洋资源环境承载能力过程评价方法由张志锋、索安宁、张哲负责撰写；第六章海洋资源环境承载能力集成预警方法由张志锋、杨正先、孙倩、鲍晨光负责撰写；第七章超载区域成因分析与政策预研方法由张志锋、杨正先负责撰写；第八章海洋资源环境承载能力监测预警长效机制由张志锋、索安宁、杨正先负责撰写；第九章长江及邻近海域资源环境承载能力评价预警实践由张志锋、索安宁、杨正先（总负责）。编写人员有：索安宁、卫宝泉、文世勇（海域和海岸线评价）、张振冬、鲍晨光、苏岫（海洋生态环境评价）、石洪华（无居民海岛资源环境评价）、鲍晨光（绘图）；第十章环渤海海洋资源环境承载能力评价预警实践由杨正先总负责。编写人员有：卫宝泉、文世勇（海域和海岸线评价）、张振冬、张哲、鲍晨光、苏岫（海洋生态环境评价）、鲍晨光（绘图）。全书由张志锋、索安宁、杨正先统筹设计与统稿。

期冀本书的出版可以进一步推动并深化海洋资源环境承载能力监测预警理论和技术方法的相关研究，进一步推动该领域的研究者增进交流、凝聚智慧，为建立海洋资源环境承载能力监测预警长效机制贡献更大力量。感谢近年来支持和协助海洋资源环境承载能力监测预警技术方法修改完善的海洋领域相关专家和领导。由于技术力量、试评价时间和范围以及研究深度有限，文中难免存在错误和瑕疵，敬请各位专家学者批评指正！

海洋资源环境承载能力监测预警技术研究专家组

2018 年 12 月于大连凌水湾畔

目　录

第一章　海洋资源环境承载能力概述

第一节　我国海洋资源环境概况

中国位于亚洲东部，太平洋西岸。陆地面积约 960 万 km²，东部和南部大陆海岸线 1.8 万余 km，内海和边海的水域面积约 470 万 km²。海洋约占陆地面积的 1/2，是中华民族赖以生存和发展的重要"蓝色"国土。海洋已成为我国经济社会发展和生态文明建设的重要领域，为国民经济和社会发展提供了丰富的资源和广阔的空间，是化解资源瓶颈、拓展生态空间、创造优美环境的重要保障。

一、海洋资源及其开发利用

（一）海洋生物资源

我国海域拥有丰富的海洋生物资源，已发现和记录的褐藻、红藻和绿藻等大型藻类 1 200 余种，刺胞动物约 1 000 种，环节动物 900 余种，软体动物约 3 000 种，甲壳动物约 3 000 种，棘皮动物 580 种，鱼类 3 029 种。截至 2015 年，我国海水养殖面积超过 24 950 km²，海水养殖产量 1 875.6 万 t，其中鱼类产量 130.8 万 t；甲壳类 143.5 万 t，贝类 1 358.4 万 t，藻类 208.9 万 t；在海洋捕捞方面；海洋捕捞产量 1314.8 万 t（未包括远洋捕捞），鱼类 905.4 万 t，甲壳类 242.8 万 t，贝壳类 55.6 万 t，藻类 2.6 万 t，头足类 70.0 万 t。海洋水产品为我国人民群众源源不断地提供着优质的蛋白质，国民膳食中 1/3 动物蛋白来源于水产品。

（二）海洋油气资源

我国海洋油气资源非常丰富，辽宁、天津、河北、山东、江苏、广东和海南沿海或浅海水域都有油气藏的分布。根据第三次全国油气资源评价结果，我国石油远景资源量超过 1 070 亿 t，其中海洋石油资源量为 246 亿 t，占全国石油资源总量的 23%；天然气远景资源量为 54.54 万亿 m³，其中海洋天然气为 16 万亿 m³，占全国资源总量的 30%。已大规模开发建设海上油气田有辽河油田、大港油田、冀东油田、胜利油田、苏北油田以及埕北油田、渤西油田群、平湖油气田、惠州油田等。据统计，截至 2016 年年底，确权发证的油气开采平台有 85 个，主要位于渤海海域，达 77 个，其次是南海海域和东海海域。在海洋油气产量方面，2015 年，我国海洋原油和天然气产量为 5 416.35 万 t，天然气产量为 147.24 亿 m^3。

（三）沿海港口资源

我国拥有超过 18 000 km 的大陆海岸线，众多的海湾、河口和岛屿，为港口建设与发展提供了资源保障。近些年来，随着国民经济实力的快速增长和对外贸易的不断扩大，全国掀起了一轮港口建设和发展热潮，港口的建设数量、规模、吞吐能力以惊人的速度增长，中国港口新的格局初步形成，并跻身世界港口大国行列。截至 2015 年年末，沿海规模以上港口达 39 个，码头岸线 735.03 km，泊位 5 132 个，万吨级码头 1 723 个，随着沿海港口规模的不断扩大，港口货物吞吐量也显著提高，据统计，2015 年全国沿海港口完成货物吞吐量超过 81.5 亿 t，集装箱吞吐量 1.89 亿标准箱。

（四）海洋可再生能源

海洋可再生能源属于清洁能源，主要包括潮汐能、潮流能、波浪能、海上风能等。据调查评估，我国潮汐能理论蕴藏量约有 1.1 亿 kW，可开发的总装机容量约为 2 179 万 kW，年发电量约为 624 亿 kW·h。全国海流能源理论评价功率为 13 948.52 万 kW，其中以浙江沿岸最多，有 37 个水道，理论评价功率 7 090 万 kW，占全国总量的一半以上。全国波浪能能量总装机容量为 12 852 MW，其中浙、闽、粤三省沿海共占全国的 40% 以上。我国海上风能资源丰富，主要分布于福建省、浙江省和山东省，近海水深 5~25 m 范围内，风电可装机容量约 2 亿 kW；5~50 m 水深，风电可装机容量约为 5 亿 kW。

（五）滨海旅游资源

我国滨海旅游资源中具有开发价值的景点有 1 500 余处，规模较大的滨海沙滩 100 余处，重要景区 273 处，有开发价值的岛屿 301 处，是发展海洋旅游业的重要基础，已开发的旅游资源有各种类型海洋景观、岛屿景观、奇特景观（如涌潮）、生态景观、海底景观及人文景观。据统计，我国滨海地区 A 级以上景区共有 427 个，占我国 A 级以上的景区的 17%。其中 5A 级景区有 19 个，4A 级景区有 185 个，3A 级景区 96 个，2A 级景区 120 个，1A 级景区 8 个。我国滨海旅游资源开发处于初级阶段，发展潜力巨大。

二、海洋生态脆弱，近岸局部海洋环境污染严重

（一）典型生态系统健康状况下降

2015 年 70% 以上的近岸典型海洋生态监控区处于亚健康或不健康状态。双台子河口、滦河口-北戴河、黄河口、长江口及珠江口等主要河口生态系统均处于亚健康状态。面积在 100 km^2 以上的海湾中，有 21 个海湾四季均出现劣于第四类海水水质标准的海域，锦州湾、杭州湾生态系统处于不健康状态，其余海湾生态系统均处于亚健康状态。广西北海海

草床生态系统处于亚健康状态，海草平均盖度显著下降。雷州半岛西南沿岸、广西北海、西沙珊瑚礁、海南东海岸珊瑚礁的生态健康状况均为亚健康，西沙海域和海南等地珊瑚礁退化严重。

（二）生物种群出现退化

2011—2015 年，珊瑚礁生态系统呈现较为明显的退化趋势，造礁珊瑚盖度维持在较低水平并不断下降，由 2011 年的 20.5% 下降为 2015 年的 16.8%；硬珊瑚补充量较低，5 年来均低于 0.5 个/m²。海南东海岸造礁珊瑚种类由 2011 年的 52 种下降为 2015 年的 36 种。2015 年 9 月，广西山口和北仑河口红树林区发生了较大面积的柚木驼蛾虫害，受害树种为白骨壤，受害面积达 149.9 hm²。我国海草床的分布面积缩减更为严重，目前仅在海南的高隆湾、龙湾港、新村港、黎安港和长圮港、广西的北海等还有成片的海草分布。2004 年以来，文昌鱼的栖息密度和生物量整体呈下降趋势，文昌鱼栖息地沙含量变化及沉积物类型改变是导致文昌鱼种群退化的主要原因。部分渔业种类资源枯竭，传统的渔汛也已不复存在，优势种类也由 20 世纪 60 年代以大型底层和近底层种类转变为鳀鱼、黄鲫、鲐鲹类等小型中上层鱼类为主，大黄鱼基本绝迹，带鱼、小黄鱼等渔获量主要以幼鱼和 1 龄鱼为主，生物资源已进入严重衰退期。

（三）湿地面积萎缩

沿海滩涂湿地拥有丰富的生物多样性，有多种栖息动物资源，是重要的鸟类迁徙"中转补给站"和越冬、繁殖地。根据国家林业局第二次全国湿地资源调查（2009—2013 年）结果，我国近海与海岸湿地面积约 5.8 万 km²，占全国湿地总面积的 10.85%，但与 2003 年第一次调查相比，减少了约 1.36 万 km²，减少率约为 23%，远高于全国平均减少 8.8% 的水平。大规模的围填海工程使环渤海成为我国滨海湿地和自然岸线丧失最严重的区域。自 1980 年以来，渤海湾损失的滩涂达 530 km²，占渤海湾滩涂总量的 59%。与 20 世纪 50 年代相比，红树林面积丧失了 60%，珊瑚礁面积减少了 80%，盘锦芦苇湿地减少了 30%。

（四）近岸局部海域污染依然严重

我国管辖海域 2011—2015 年海水水质总体良好，符合第一类海水水质标准的海域占比平均近 95% 以上，但近岸局部污染依然严重，总体呈现距岸愈近、污染愈重的空间分布态势，并具有显著的季节变化特征。劣四类海水水质约占超标海域的 31%，较"十一五"增加了 47%。严重污染和重度污染范围主要分布在辽东湾、长江口、珠江口等河口区域，并呈持续严重污染状况。图 1-1 为 2006—2015 年我国不同水质类别的海域面积统计情况。

近岸海水富营养化状况总体呈波动上升趋势，2012 年最高，"十二五"期间平均约 7.6 万 km²，其中重度富营养化海域约占 24%，中度富营养化海域约占 30%。重度富营养化海域范围主要分布在辽东湾、长江口、珠江口等河口区域。我国海洋沉积环境总体质量

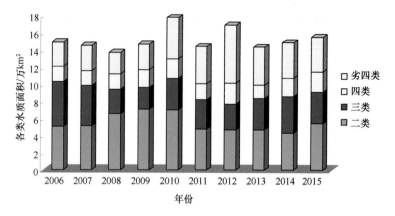

图 1-1 2006—2015 年我国不同水质类别的海域面积

状况良好，但近岸局部海域沉积物受石油类、持久性有机污染物和重金属等的污染，部分海域的个别指标污染程度加重。图 1-2 为 2006—2015 年我国近岸海域沉积物质量等级分布图。

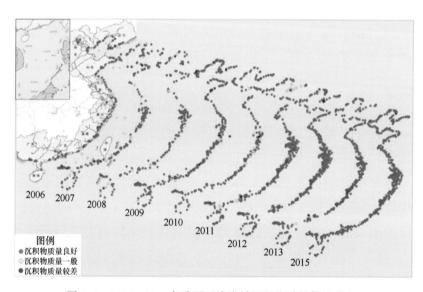

图 1-2 2006—2015 年我国近岸海域沉积物质量等级分布

（五）陆源排污压力未得到有效控制

陆源污染是我国海洋环境质量恶化的关键因素。2015 年我国主要河流入海污染物总量达 1 750.8 万 t，比 2006 年增加了 34.9%。主要污染物为化学需氧量和营养盐。长江、闽江和珠江、黄河等入海污染物总量较大，占全国河流入海污染物总量的 70% 以上，其中，闽江、长江污染物入海总量显著增加，由 2006 年的 84 万 t 增加至 2015 年的 107.9 万 t，长江入海污染物长年居全国之首。入海排污口排污超标依然严重，超标率多年高于 50%，80% 以上的排污口邻近海域水质劣于第四类海水水质标准，无法满足所在海域海洋功能区的环境保护要求。主要超标污染物为总磷、悬浮物、化学需氧量和氨氮。此外，在近几年排海污水中，持久性有机污染物和重金属被检出，难降解有机物污染和热污染等新型污染物对海洋生态环境的影响将更加持久，危害更为深远。图1-3为2006—2015年我国主要河流污染物入海总量及营养盐量统计情况。

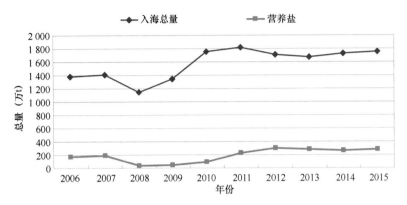

图1-3　2006—2015年我国主要河流污染物入海总量及营养盐含量

（六）海洋溢油、危险品泄露风险加剧

近40年来溢油危险品泄露等事故频发，我国沿海发生船舶溢油事故约3 000起，平均4~5 d发生一起污染事故。2011年蓬莱19-3油田溢油事故和2010年大连新港"7.16"油污染事件损失巨大；2015年天津港"8.12"瑞海公司危险品仓库火灾爆炸事故（氰化钠等），已核定的直接经济损失68.66亿元；2011年发生日本福岛核泄漏事故对西太平洋海域的影响仍然显著。

（七）风暴潮、海浪、海冰灾害损失加大

中国沿海地区经济发达、人口众多，是易受海平面上升影响的脆弱区。1980—2018年中国沿海海平面上升速率为3.3 mm/年，高于同时段全球平均水平。高海平面加剧了中国沿海风暴潮、滨海城市洪涝、咸潮、海岸侵蚀及海水入侵等灾害，给沿海地区社会经济发展和人民生产生活造成了不利影响。2018年我国海洋灾害以风暴潮、海浪、海冰和海岸侵蚀等灾害为主，各类海洋灾害共造成直接经济损失47.77亿元，死亡（含失踪）73人。

三、海洋资源环境承载能力形势不容乐观

全国海洋资源环境承载能力监测评价结果表明：沿海县级区的海洋资源环境承载能力综合等级以可载和临界超载为主，其中临界超载的有79个，占43.2%；可载的有68个，占37.2%；超载区36个，占19.7%。海洋生态退化、岸线过度开发、海域环境污染受损、

天然渔业资源衰退是影响海域资源环境承载能力的四大主要因素（图1-4）。海岸带地区陆域和海域评价结果相近，超载和临界超载比例都远高于陆域其他地区，这说明沿海经济发达地区资源环境承载能力形势不容乐观（表1-1）。

表1-1　海岸带地区陆域和海域区/县级资源环境承载能力评价结果比较

地域	超载		临界超载		不超载	
	个数	占比/%	个数	占比/%	个数	占比/%
全国陆域	234	9.8	394	16.6	1747	73.6
沿海陆域	31	16.9	90	49.2	62	33.9
海域	36	19.7	79	43.2	68	37.2

第二节　海洋资源环境承载能力内涵

承载力（carrying capacity）原为力学概念，是指物体在不产生任何破坏时所能承受的最大负荷，可通过实验或经验公式方法进行度量。当前，承载力概念已广泛应用于生物学、生态学、地理学、资源科学、环境科学、社会学、人类学、人口统计学等多个学科，成为研究资源环境"最大负荷"这一科学命题的主要术语[1]。

一、资源环境承载力研究历程

19世纪以来，承载力概念被逐渐引入生物学研究中，指某一生境（habitat）所能支持的某一物种的最大数量。1838年，Verhulst根据马尔萨斯《人口原理》中承载力生态内涵提出著名的逻辑斯蒂方程，成为承载力概念最早的数学表达式。1921年，帕克和伯吉斯将承载力概念扩展到人类生态学中，认为承载力是在某一特定环境条件下（主要指生存空间、营养物质、阳光等生态因子的组合），某种生物个体存在数量的最高极限[2]。1922年，Hawden等从草地生态学角度提出了新的承载力概念：承载力是草场上可以支持的不会损害草场的牲畜数量。该定义明确了动物种群和环境状态间的相互作用，将关注焦点从最大种群平衡转移到环境质量平衡，由绝对数量转向了相对平衡数量，并突出了承载体在承载力定义中的作用[3]。

20世纪60—70年代，随着全球性资源环境问题的出现，承载力研究范围逐渐扩展到了整个区域生态系统尺度。研究目的由种群平衡延伸到社会决策，承载本质由绝对上限走向相对平衡，研究对象日趋复杂，概念核心由现象描述转向机制分析，承载理念由静态平衡转到动态变化，进而深化到系统可持续发展[4]。20世纪70年代初，澳大利亚学者探讨了在资源限制下澳大利亚本土所能承载的人口规模。随后FAO和UNESCO先后组织和开展了全球主要国家的国土资源承载力研究，发展了资源承载力的内涵、评价内容和方法体

图1-4　沿海县级行政区海域—陆域资源环境承载能力等级评价示意图（2013年）

系[5-6]。20 世纪 80 年代初，ECCO 模型即增加人口承载力的策略模型在 UNESCO 资助下成功设计并在欧洲试运行[7-8]。80 年代末期，中国科学院自然资源综合考察委员会牵头开展了"中国土地资源生产能力及人口承载量研究"，认为我国土地理论的最高人口承载量可能是 15 亿~16 亿人，并且在相当长的时期内将处于临界状态[142-144,148]。

环境承载力概念由环境容量概念演化而来，与资源承载力相类似，它是区域环境与经济发展矛盾激化的结果，本质上反映了两者的辩证关系。1974 年，Bishop 在其《区域环境管理中的承载力》一书中认为环境承载力是"在维持一个可以接受的生活水平前提下，一个区域能永久承载的人类活动的强烈程度"[166-167]，Schneider 则认为环境承载力是"自然或人造环境系统在不会遭到严重退化的前提下，对人口增长的容纳能力"[9-12]。中国环境界在 20 世纪 70 年代后期引入环境容量的概念，并于 1991 年在《我国沿海新经济开发区环境的综合研究——福建省湄洲湾开发区环境规划综合研究报告》中首次明确提出环境承载力的概念。

20 世纪 70 年代，随着世界范围内工业化和城市化进程的加速，传统的单要素资源环境承载力研究已难以解决社会发展所遇到的新问题，于是资源环境综合承载力研究逐渐成为承载力理论研究深化的重要方向。国外资源环境承载力相关研究最早可追溯至 1948 年威廉·福格特所著《生存之路》，书中首次将人类对资源环境的过度开发导致的生态变化称为"生态失衡"，并明确提出区域承载力概念以反映区域资源环境所能承载人口与经济发展的容量[13]。1972 年，罗马俱乐部发表的《增长的极限》利用系统动力学模型对世界范围内的资源环境与人口增长进行定量评价，构建了著名的"世界模型"，深入分析了人口增长、工业化发展与不可再生资源枯竭、生态环境恶化和粮食生产的关系，认为全球的增长将会因粮食短缺和环境破坏在某个时段达到极限，由此提出了经济"零增长"的发展模式[14-17]。报告一经发表便引起了世界范围的对资源环境承载力的强烈关注。

可以看出，资源环境承载力概念内涵迄今已经历了从人口承载力（population carrying capacity）、生态承载力（ecological carrying capacity）、资源承载力（resource carrying capacity）、环境承载力（environmental carrying capacity）到区域资源环境综合承载力的演进过程。承载力概念的演化是人类对经济社会发展中不断出现的问题所作出的响应与变化的结果。

二、资源环境承载力概念内涵

一般认为，区域资源环境承载能力是以"资源-生态环境-社会经济"耦合系统为基础，主要由三要素构成：①承载体，即资源和生态环境系统所能提供的资源条件、环境条件等自然要素；②承载对象，是指人为开发活动与相关社会活动等相关社会因素和经济因素；③承载率，即承载体的承载状况与承载能力之间的比值[18-19]。此外，由于区域资源环境承载能力往往具有系统性、开放性、动态性和综合性等特点，除受其物质基础和区域资源环境条件制约外，还受区域发展水平、产业结构特点、科技水平、人口数量与素质以及人民生活质量等多种因素的影响。因此，在进行承载力理论分析时，还必须考虑作为外部环境的经济社会支持和管理调控系统。

樊杰等提出资源环境承载能力是指在自然生态环境不受危害并维系良好生态系统的前提下，一定地域空间可以承载的最大资源开发强度与环境污染物排放量以及可以提供的生态系统服务能力。资源环境承载能力评估的基础是资源最大可开发阈值、自然环境的环境容量和生态系统的生态服务功能量的确定[20-23]。资源环境承载能力反映了资源环境条件对人类生产生活活动的支持能力。着眼于人类生产生活活动，资源环境承载能力可表达为：在维系资源环境系统可持续过程的同时，能够承载的最大经济规模或人口规模。着眼于资源环境条件，资源环境承载能力可表达为：在承载不断变化的人类生产生活活动时，资源环境系统进入不可持续过程时的阈值或阈值区间。资源环境承载能力监测预警，是指通过对资源环境超载状况的监测和评价，对区域可持续发展状态进行诊断和预判，为制定差异化、可操作的限制性措施奠定基础。考虑到有些资源类型、环境要素指标的阈值难以确定，可以通过监测超过阈值造成的生态环境损害来预警承载力的超载程度[12]。

三、海洋资源环境承载能力概念内涵

海洋资源环境承载能力为：一定时期和一定区域范围内，在维持区域海洋资源结构符合可持续发展需要且海洋生态环境功能仍具有维持其稳态效应能力的条件下，区域海洋资源环境系统所能承载的人类各种社会经济活动的能力[14]。海洋资源环境承载能力的承载体为海洋资源环境系统，承载对象为涉海的各种社会经济活动，外部环境为管理调控行为，通过"驱动力—压力—状态—影响—响应"（DPSIR）（图1-5）关系形成相关关联、相互影响的完整链条。

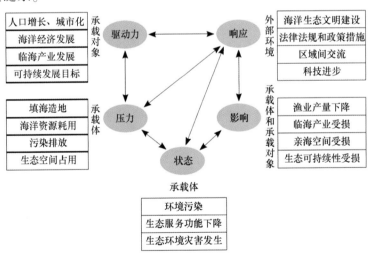

图1-5 海洋资源环境承载能力 DPSIR 理论模型

海洋资源环境承载能力除了具备资源环境承载能力的普遍特征（如客观性和主观性并

存、确定性和变动性并存、层次性和综合性并存、刚性和弹性并存等）以外，还具有鲜明的海洋特征，主要体现在两方面。①以人-海相互作用的动态复合系统为基础。在这个系统中，海洋生态环境价值是其经济价值的重要载体，海洋资源环境存在的自然性和开发利用的社会性相互统一；并且由于在海洋公共物品的属性上叠加了私人物品属性，导致同一片海域的多用途性和多重使用性，各种压力-效应关系在海域空间上形成错位和时间上长期累积。②海洋资源环境系统具有显著的开放联通性。因水体流动、生物迁徙、能力转移、陆海衔接等，导致区域海洋资源环境的研究边界难以确定，研究内容具有显著的综合性和关联性，研究要素处于不断动态发展之中。

第三节　海洋资源环境承载能力研究概况

至 21 世纪初，国内的研究视角逐步转移到对于区域资源环境承载力的综合研究。近年来，海洋资源环境的单要素和综合承载能力研究也不断深入[31-34]，众多研究者在理论探索的基础上，进一步分析影响海域承载力的关键因子，提出区域社会经济调控和陆海统筹等系列政策建议。

一、区域资源环境承载力研究进展

中国涉足以资源环境诸要素综合体为对象的区域承载力研究始于 20 世纪 90 年代，学者们尝试从自然资源支持力、环境生产支持力和社会经济技术水平等角度，通过构建综合评价模型对区域资源环境承载力状况进行评估[169,199]。此外，日益严重的生态破坏问题亦引起学界的重视，出于保持生态系统完整性的考虑，反映区域资源环境综合承载力的生态承载力概念逐渐兴起，其中以高吉喜等提出的概念最具代表性："生态承载力是指生态系统的自我维持、自我调节能力，资源与环境子系统的共容能力及其可维持的社会经济活动强度和具有一定生活水平的人口数量"[26]。该概念不仅强调了特定生态系统所提供的资源和环境对人类社会系统的支持能力，涵盖了资源与生态环境的共容、持续承载和时空变化，而且考虑了人类价值的选择、社会目标和反馈影响。此后，许多学者从系统的整体性、稳定性和可持续性出发，以区域"自然—经济—社会"复合生态系统的协调发展为目标，对生态承载力的概念、本质及指标体系进行了系统研究，研究区域方面则以生态脆弱地区、城市地区以及流域等典型生态系统的承载力为主。[55]

如果根据承载主体的涵盖范围来划分，可将承载力分为两类：第一类是以某一具体的自然要素作为研究对象，又称为单要素承载力研究，如土地资源、水资源、矿产资源承载力等；另一类是从区域整体的角度出发进行的综合承载力研究，诸如区域承载力、生态承载力等。单要素承载力是综合承载力研究的前提，综合承载力是对单要素承载能力的集成，是反映一定时期和一定区域范围内，在维持资源环境结构符合可持续发展需要的条件下，区域资源对人类开发利用活动的承载状况和支撑能力。海洋资源承载能力评价是对海洋开发利用活动符合海洋资源承载能力的总体分析与评判。对于海洋承载力评价研究，国内外研究重点集中在海洋环境承载力分析评价。

与陆域环境不同，海洋是一片连续运动的水体。20 世纪 60 年代，日本濑户内海、美国纽约和长岛海域、欧洲的波罗的海等率先开展了近海环境容量研究。我国从 20 世纪 80 年代开始对近岸海域污染物自净能力和环境容量进行研究，如今已涵盖全部近岸海域[101]。近年来，由于海洋资源环境保护与海洋经济发展矛盾日趋凸显，迫切需要开展海洋承载力的相关研究工作。在国内，狄乾斌较早提出了海域承载力的概念，即"在一定时期内，以海洋资源的可持续利用、海洋生态环境的不被破坏为原则，在符合现阶段社会文化准则的物质生活水平下，通过海洋的自我调节、自我维持，海洋能够支持人口、环境和经济协调发展的能力或限度"[71-72]。该概念可以从海洋资源供给能力、海洋产业的经济功能、海洋环境容量 3 个方面来表征。谭映宇在借鉴海域承载力的概念和内涵的基础之上提出了海洋资源、生态和环境承载力的概念[48]。苏蔚潇在综合前人研究成果的基础上定义了海岸带综合承载力[45]。

由于研究者基于不同的研究对象提出了不同的概念，各个概念之间的内涵既有交叉也有不同的侧重点，容易引起混淆，基于此，2016 年国家海洋局根据相关成果首次制定了《海洋资源环境承载能力监测预警指标体系和技术方法指南》（以下简称《指南》），该《指南》将海洋资源环境承载能力的概定义为"一定时期和一定区域范围内，在维持区域海洋资源结构符合可持续发展的需要，海洋生态环境功能仍具有维持其稳态效应能力的条件下，区域海洋资源环境系统所能承载的人类各种社会经济活动的能力"。海洋资源环境力是一个包含了资源、环境要素的综合承载力概念，承载体、承载对象和承载率是资源环境承载力研究的 3 个基本要素。

二、海洋资源环境承载能力评价方法

海洋资源环境承载能力是综合性抽象概念，不同的研究者基于自己专业背景和认识来构建海洋资源环境承载能力评价方法，从承载力基础概念、评价尺度、评价目标、方法的选取及具体指标的选择都差异巨大。在百家争鸣取得重要进展的同时，也表明海洋资源环境承载能力评价方法尚在研究探索过程中，距离形成相对共识并有效支撑资源环境管理尚有一定距离。目前研究中海洋资源环境承载能力评价的常用方法，从评价对象和关注重点来分主要有：①以自然承载体的健康状况反映承载力是否超载，通常采用多指标综合评价法；②以承载对象经济发展的可持续性为重点，具体以单位生产总值实际关联的污染物排放强度及资源利用效率表征经济发展的绿色程度，包括"绿色 GDP 法"以及"生态足迹法"等；③结合自然承载体状态与经济发展、管理控制等多种因素，通过"驱动力—压力—状态—影响—响应"模型将人口及经济发展作为驱动力和压力因素考虑的评价方法。不同的方法各有优缺点和应用范围，结合最新研究进展分析如下。

（1）基于自然承载体健康状况的多指标综合评价法。通过选取一系列指标数学处理或直接加权得出一个综合指数，表征资源环境承载力，是目前被广泛采用的海洋资源环境承载能力评价方法。评价中通常采用海水质量、生物多样性、渔获物营养级指数、鱼卵仔鱼密度、珍稀物种种群变化、自然岸线保有率等从不同的角度表征自然承载体健康状况，并通过数学处理得到一个综合性指数[54]。基于自然承载体健康状况的多指标综合评价法主要根据现有的监测调查数据，指标选择和阈值设定的主观性相对较低，评价结果与专家的预期相对比较接近[24-25]。但是多指标综合评价法得出的评价结果通常为一个无量纲的表征值，除了少数因素有明确的科学阈值和管理目标阈值以外，多数指标及综合指标的科学意义并不明确，导致分级阈值的判断缺乏说服力，对管理的实际指导作用有限，并且与原有的生态系统健康评价有重复，存在创新性不足的问题。

（2）以承载对象经济发展的可持续性评价法。通常采用"绿色GDP法（GEP）"以及"生态足迹法"等来表征承载力，如王克以深圳市盐田区为例研究了GEP语境下城市承载力的保值增值问题[43]，王子超利用渔业生态足迹的算法，对连云港近海2006—2015年的生态足迹进行计算，研究了海州湾渔业生态现状[42]。黄维针对钦州无居民海岛开发的现状和规划，即主要能源与资源、废弃物处理等方面对生态足迹模型进行改进和优化，构建了适合钦州无居民海岛开发的生态承载力计算模型，并以钦州市七十二泾为例，计算并分析了该无居民海岛群的旅游生态承载力[36]。张红等以舟山市为例，使用改进的生态足迹模型，测算了2012年舟山市的生态承载力[39]。根据经济发展的可持续性来判断是否超载，相比仅仅根据自然承载体的健康状况更接近承载力定义，但"绿色GDP"及"生态足迹"概念相对适合宏观分析，一般用于判断一个国家、区域乃至全球的生产消费活动是否处于当地的生态系统承载力范围之内[103-105]。生态足迹从消费的角度描述人类占用的资源量，而资源环境承载力理论则从供给的角度考查环境系统能承载的经济总量、人口或者开发强度，对于小区域如一个城市来说，由于资源的外部供给、污染的迁移等因素的存在，某一区域的"生态赤字"并非表明该区域实质性超载，对于多数城市来说，都存在"生态赤字"问题，一般通过资源的外部输入长期保持可持续发展[110-111]。"绿色GDP法（GEP）"也存在类似的问题，绿色GDP是扣除了自然资源消耗和环境成本之后的经济产出，是考虑资源环境因素的GDP修订，与区域的可持续性有一定关系，但是绿色GDP的高低，并不能直接回答区域的资源环境开发利用是否造成超载[164]。"绿色GDP"及"生态足迹"都是一维的综合指标，不能承载如此多的信息和内容，无法对环境和经济的可持续发展做出全面的评价。

（3）基于"驱动力—压力—状态—影响—响应"模型的综合评价法。结合自然承载体状态与经济发展、管理控制等多种因素分析区域的资源环境承载状况。如刘蕊研究构建了海洋资源承载力评价指标体系和评价方法，采用层次分析法，构建了海洋资源供给指标、海洋经济发展能力指标和海洋生态环境支撑指标，并提出了以上指标的测度与评价方法[112]。翟仁祥采用多元统计和层次分析法，从海洋资源开发力、海洋环境承载力、海洋科技支持力、海洋经济发展力和海洋管理组织力5个层次建立江苏省海洋承载力的评价模型，定量测算 2001—2011 年江苏省海洋承载力水平及其变化趋势[41]。魏超等借鉴"驱动力—压力—状态—响应—控制力"概念模型，依据数据可获取性，构建海岸带区域综合承载力评估指标体系和评价标准，并以江苏省南通市海岸带为例进行了实证研究[34]。韩立民等介绍了海域环境承载力概念的基本内涵，建立了海域环境承载力评价指标体系，并运用模糊数学法对特定海域环境承载力进行评价[81,159]。可以看出，以上研究实际上都是海洋资源—经济—环境综合评价，而很少有专门针对海洋开发利用承载力评价的报道。从分析要素的全面性和分析模型的逻辑性来说，这一评价思路较好地体现了承载力的概念，但是研究中通常将"驱动力—压力—状态—影响—响应"模型简化为多个正负因素指标，并通过加权平均等方法得到一个综合值，评价结果与实际情况可能存在很大差异。综合承载能力评价常采用的 GDP 指标就具有复杂性，既可视为人类开发产生的压力因素，又可视为生态保护的经济基础和经济承载能力的直接体现。对于"社会—经济—自然复合生态系统"而言，完全弄清各种因素的内在关系并模型化几乎不可能，而常采用的将诸多要素简化为少数几个指标，并根据其与承载力的正负关系和强弱进行加权求和，极大地忽视了系统内的复杂关系，容易导致得到的综合指标缺乏科学意义和管理价值。

三、小结与展望

《海洋资源环境承载能力监测预警指标体系和技术方法指南》将上述多种方法综合使用，如基础评价，主要采用以自然承载体的健康状况的多指标综合评价法；在专项评价和过程评价中考虑了资源利用效率因素，在成因分析中重点采用"驱动力—压力—状态—影响—响应"追因溯源　无论是采用单一方法还是多种方法综合，都存在认识的优先性和复杂系统的不可预知性的矛盾。随着人类改造自然的力量及经济实力的增强，目前的生态系统在很大程度上已经人工化，区位资源、交通资源、人力资源、管理水平、政策环境等通常会成为区域发展的决定性因素和最大变数，自然资源和环境只是区域发展的一个基础性因素，并可以通过人为作用而改变。

随着科技进步和社会的发展，区域特别是城镇开发区中的人文因素往往决定了可持续发展性，而自然资源环境由于其市场可替代性、外地可输入性和环境的可恢复性，往往在区域发展中只是起到次要和背景作用，或者说资源环境的状况与区域社会经济发展往往没有强相关性，只有弱相关性，在此情况下建立起自然资源环境（承载体）与社会经济发展量（承载对象）的可度量关系就几乎不可能。在此情况下，研究者和管理者判断自然资源环境是否被超载利用往往只能回到原有的环境标准角度上来，认为超标了就是超载，但这样实际上是大大简化了自然资源环境与区域可持续发展的复杂性和特征性的关系，并导致一定程度的失真和无效。现有的环境标准和管理目标只是分析认识资源环境承载能力阈值的一个参考，还需要立足实际情况，结合社会经济发展来具体分析。

资源环境承载能力处于争论和探索过程中，仍然有大量尚未解决的问题和争论甚至质疑，在理论和方法上也还不成熟，这使得本应该得到广泛应用的资源环境承载能力更多的是作为一种指导概念和探索性尝试，尚难以广泛为人类可持续发展实践活动提供科学支持。理论方法面临一系列关键问题需要突破，其中综合评价方法是研究者和管理者关注的核心，同时也是研究者认识分歧重点的所在。需要突破原有的理论方法范式，基于整体论思想重点研究资源环境要素在承载能力中的"短板效应""长板效应""加和效应""乘积效应"等多种效应机制，及其叠加及演化规律，在此基础上将承载能力的分析评价数学模型化，为资源环境管理决策及相关规划提供更坚实的科学依据。

第二章　海洋资源环境承载能力监测预警技术框架

第一节　全国资源环境承载力监测预警基本框架

制定资源环境承载能力监测预警技术方法是落实党的十八届三中全会通过的《中共中央关于全面深化改革若干重大问题的决定》提出："建立资源环境承载能力监测预警机制，对水土资源、环境容量和海洋资源超载区域实行限制性措施"的基础工作。2016 年，国家发展改革委员会印发了《资源环境承载力监测预警试行方法》，提出了一套陆海统筹的资源环境承载力监测评价预警技术方法体系，包括资源环境承载能力监测预警的技术流程、指标体系、指标算法与参考阈值、集成方法与类型划分等技术要点，为指导各省、自治区、直辖市形成资源环境承载能力监测预警长效机制，引导各地按照资源环境承载能力谋划经济社会发展，提供了一套科学性、规范性和可操作性的资源环境承载能力监测预警技术方法。

一、资源环境承载力监测预警工作的管理需求分析

建立资源环境承载能力监测预警机制，是全面深化改革的一项创新性工作。资源环境承载能力的研究和业务化运行就是为实现资源环境的科学管制和有效激励提供目标、方法和政策建议。资源环境承载能力分析研究，不仅需要考虑资源环境自身的特点，包括资源环境的状态、抗干扰能力和恢复能力，还需要考虑社会发展的需求；不仅需要考虑自然资源环境，还需要综合考虑人文资源环境，经济社会进步、科学技术发展、文化背景、政策制度及管理体制和法制等因素，都会影响到人类社会对资源环境开发利用的方式、规模和速度，会对地区的资源环境承载力起到增强或者削弱的作用。将自然与人文因素结合起来才有可能明确评价区域可以承载的社会经济发展前景及其制约因素，才能对社会发展规划和管理起到支撑和引导作用。对于管理而言资源环境承载能力有两个关键点：①是否超载，包括临界超载的承载状况判断；②承载的社会经济发展的能力大小，包括发展潜力问题。人类作为生态系统中的智能圈层，可以在很大程度上影响资源环境承载力。在工业文明大背景下，地区社会经济发展往往是伴随着工业和城镇开发热潮，发展初期不可避免地会以一定的环境和生态为代价。除了开发压力是否对区域生态环境造成了不可逆影响的判断以外，开发过程中付出的生态环境代价是否合理，自然资源环境的转变（如围填海）是否有利于区域可持续发展，也是资源环境承载能力评价需要重点关注的问题[85,89]。

二、全国资源环境承载力监测预警技术框架

全国资源环境承载力监测预警技术框架包括基础评价、专项评价、过程评价、集成评价、预警等级划分、成因解析和政策预研七大环节，各个环节均实行陆海统筹，环环相扣，共同构成资源环境承载力监测预警技术体系。全国资源环境承载力监测预警技术框架见图 2-1。

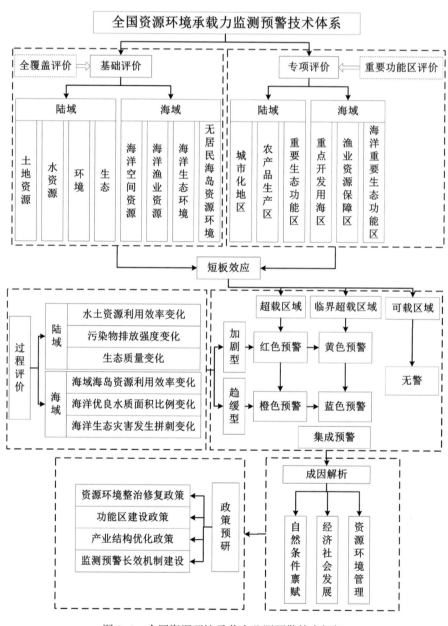

图 2-1 全国资源环境承载力监测预警技术框架

（一）基础评价

基础评价陆地区域主要对土地资源、水资源、环境状况、生态状况进行基础性评价，土地资源采用土地资源压力指数，表征土地资源条件对人口集聚、工业化和城镇化发展的支撑能力，通过现状建设开发程度与适宜建设开发程度的偏离程度进行评价。水资源采用水资源开发利用量（包括用水总量和地下水供水量），表征水资源可支撑经济社会发展的最大负荷，通过对比用水总量、地下水供水量与实行最严格水资源管理制度确立的水资源开发利用控制指标，并考虑对地下水超采情况进行评价。环境状况采用污染物浓度超标指数，表征区域环境系统对经济社会活动产生的各类污染物的承受与自净能力，通过主要污染物年均浓度监测值与国家现行环境质量标准的对比值进行评价。生态状况采用生态系统健康度，表征社会经济活动压力下生态系统的健康状况，通过发生水土流失、土地沙化、盐渍化和石漠化等生态退化的土地面积比例进行评价。海域主要对海洋空间资源、海洋渔业资源、海洋生态环境和无居民海岛资源环境进行基础性评价，基础评价采用统一评价指标体系，对所有县级行政单元进行全覆盖评价。

（二）专项评价

专项评价主要根据《全国主体功能区规划》和《全国海洋主体功能区规划》划定的优化开发区、重点开发区、限制开发区和禁止开发区，在陆地区域重点选取城市化地区、农产品生产区和重点生态功能区进行专题评价。城市化地区采用水气环境黑灰指数为特征指标，由城市黑臭水体污染程度和 $PM_{2.5}$ 超标情况集成获得，并结合优化开发区域和重点开发区域，对城市水体和大气环境的不同要求设定差异化阈值。农产品生产区按照种植业地区和牧业地区分别开展评价，前者采用耕地质量变化指数为特征指标，通过有机质、全氮、有效磷、速效钾、缓效钾和 pH 值 6 项指标的等级变化进行评价；后者采用草原草畜平衡指数为特征指标，通过草原实际载畜量与合理载畜量的差值比率进行评价。重点生态功能区按照水源涵养、水土保持、防风固沙和生物多样性维护等不同重点生态功能区类型，分别采用水源涵养指数、水土流失指数、土地沙化指数、栖息地质量指数为特征指标，评价生态系统功能等级。在海域重点选取重点开发用海区、海洋渔业资源保障区、重要海洋生态功能区进行专题评价。基础评价和专项评价结果都划分为 3 个等级，分别为超载区域、临界超载区域、可载区域。

（三）过程评价

过程评价主要对资源环境开发利用效率变化过程进行分析，由资源利用效率和环境污染压力两方面指标构成，资源利用效率表达为单位工业产值用地、用水、用电量的变化情况，环境污染压力表达为单位工业产值废水、废气排放量的变化情况。过程评价结果分为加剧型和趋缓型两个等级。

（四）集成评价

集成评价主要根据海陆基础评价和专项评价结果，采取"短板效应"原理，将陆域、海域基础评价与专项评价结果中任意一个指标超载区域、两个及以上指标临界超载区域的组合确定为超载区域，将任意一个指标临界超载区域的确定为临界超载区域，其余为可载区域。

（五）预警等级划分

预警等级划分主要根据集成评价结果和过程评价结果，将过程评价结果为加剧型的超载区域划定为红色预警区（极重警）；将过程评价结果为趋缓型的超载区域划定为橙色预警区（重警）；将过程评价结果为加剧型的临界超载区域划定为黄色预警区（中警）；将过程评价结果为趋缓型的临界超载区域划定为蓝色预警区（轻警）；将可载区域统一划定为绿色无警区（无警）。

（六）成因解析

成因解析主要采用多因素叠加分析法，刻画海陆资源环境承载力的承载状态，识别超载关键因素及其作用程度。采用因果链分析原理，从自然禀赋条件、经济社会发展、资源环境管理等维度阐释超载成因，自然禀赋条件维度反映资源环境的自然本底状况，经济社会发展维度包括经济社会发展方式、规模、结构和速度等，资源环境管理类成因包括资源环境管理与政策管理的水平、方式、范围、强度等。

（七）政策预研

政策预研主要根据超载成因，从财政、投融资、产业、土地、人口、环境等方面，预研资源环境整治和功能区建设政策措施，并按照预警等级探索不同管控强度的差异化限制性措施，引导和约束各地严格按照资源环境承载能力谋划发展。同时，围绕监测预警长效机制建设，制定资源环境监测体系完善方案，预研资源环境超载预警提醒和追责制度，并将部门定期和不定期督查、公众参与和监督作为长效机制的重要组成部分。

三、全国资源环境承载力监测预警技术流程

全国资源环境承载力监测预警体系以县级行政区为评价单元，分别开展陆域评价和海域评价，确定超载类型，划分预警等级，全面反映国土空间资源环境承载能力状况，并分析超载成因、预研对策措施建议。具体技术路线如下。

（1）开展基础评价，包括陆域基础评价和海域基础评价。基础评价采用统一指标体系，对所有县级行政单元进行全覆盖评价。

（2）开展专项评价，专项评价主要根据《全国主体功能区规划》《全国海洋主体功能

区规划》划分的优化开发区、重点开发区、限制开发区和禁止开发区，在陆域选择城市化地区、农产品生产地区、重要生态功能区进行专题评价；在海域选择重点开发用海区、渔业资源保障区、海洋重要生态功能区进行专题评价。

（3）开展过程评价，分别针对陆域和海域资源环境变化过程的特点，在陆域选择水土资源利用效率、污染物排放强度、生态质量进行十年尺度的变化过程分析评价；在海域选择海域海岛资源利用效率、海洋优良水质面积、海洋生态灾害发生频次进行十年尺度的变化过程分析评价。

（4）开展集成分析，根据陆域评价和海域评价结果，采取"短板效应"原理，将陆域、海域基础评价与专项评价中任意一个指标超载、两个及以上指标临界超载的组合确定为超载区域，将任意一个指标临界超载的确定为临界超载区域，其余为可载区域。过程评价结果分划分加剧型和趋缓型。

（5）预警等级划分，根据基础评价结果和专项评价结果的集成分析结果和过程评价结果的加剧型或趋缓型，进一步确定陆域和海域的预警等级。其中，超载区域分为红色和橙色两个预警等级，临界超载分为黄色和蓝色两个预警等级，不超载为无警（用绿色表示）。

（6）统筹陆域和海域超载类型和预警等级。将海岸线开发强度、海洋环境承载状况和海洋生态承载状况3个指标的评价结果，分别与陆域沿海县（市、区）基础评价中的土地资源、环境和生态评价的结果进行复合，调整对应指标的评价值，实现同一行政区内陆域和海域超载类型和预警等级的衔接协调。

（7）进行超载成因解析。识别和定量评价超载关键因子及其作用程度，解析不同预警等级区域资源环境超载原因。

（8）进行管控政策预研，从资源环境整治修复、功能区建设、产业结构优化升级、监测预警长效机制构建、资源环境管理政策法规制定等方面进行政策预研，为超载区域限制性政策的制定提供依据。

第二节　海洋资源环境承载能力监测预警基本框架

当前，我国正处于全面建成小康社会、推进生态文明建设的关键时期，"十三五"规划作出"拓展蓝色经济空间"的战略部署，提出要"坚持陆海统筹，发展海洋经济，科学开发海洋资源，保护海洋生态环境，维护海洋权益，建设海洋强国"，海洋资源和生态环境在经济社会发展全局中的战略地位日益凸显。但同时，我国海洋资源环境系统正面临资源约束趋紧、环境污染严重、生态系统退化的严峻形势，对经济社会发展的承载能力总体不足、局部超载严重，难以满足建设海洋强国和可持续发展的要求。

一、海洋资源环境承载能力监测预警理论与原则

(一) 海洋资源环境承载能力监测预警理论基础

经过多年的发展，我国海洋资源要素和生态环境的分类管理体系逐步完善，对于海域空间利用、资源开发、生态环境保护等均分别设置了管理部门和监测调查机构，但同时也割裂了海洋资源和生态环境作为有机整体对人为开发活动的关联性响应。新常态下，从"海洋资源—生态环境—社会经济"耦合系统的视角，我国海洋资源环境管理应以拓展蓝色经济空间、支撑和保障可持续发展为出发点，统筹考虑各类人为开发活动与海洋资源环境系统的资源耗减、理化特性改变、生态环境变化等的响应关系，实现从分类要素管理向人-海关系综合管理的转变、从现状管理向过程管理和风险管控转变[94]。海洋资源环境承载能力是以上所述的海洋资源、海洋环境、海洋生态等承载力概念与内涵的集成表达，其突出特征是综合性。海洋资源环境承载能力的综合性主要体现在综合评价、监测与预警，既涉及对海洋资源环境本底的基础评价，又涉及海洋资源承载力要素评价、海洋环境承载力要素评价等分类评价，还包括基于单要素承载力的综合加权平均或系统动力学分析。

(二) 海洋资源环境承载能力监测预警原则

立足区域功能，兼顾发展阶段。结合各地主体功能定位，确立差异化的监测预警指标体系、关键阈值和技术途径；针对经济社会发展阶段和生态环境系统演变阶段的特征，修订和完善关键参数，调整和优化技术方法。

注重区域统筹，突出过程调控。根据不同地区之间的资源环境影响效应，调整预警参数和方法；综合比照资源利用效率和生态环境耗损的变化趋势，确定超载预警区间和监测路线图。

服从总量约束，满足管控要求。坚持以同一生态地理单元或开发功能单元水土资源、环境容量的总量控制为前提；同时，满足有关部门对水土资源、生态环境等要素的基本管控要求。

预警目标引导，完善监测体系。坚持预警需求引导监测体系建设，健全监测体系的顶层设计和统筹研究，逐步完善监测预警的数据支撑体系。

二、海洋资源环境承载能力监测预警基本框架

海洋资源环境承载能力本身的特性及复杂的影响因素，导致其所能承载的最大经济规模或人口规模评估难度大，但可以通过评估海洋资源环境系统进入不可持续过程时的阈值

或阈值区间，表征海洋资源环境系统对人为开发压力的可载程度或超载水平，即承载率。本研究提出海洋资源环境承载能力评估的总体技术思路是，立足我国海洋空间资源、海洋渔业资源、海洋生态环境和海岛资源环境管理的实际，以海洋主体功能区规划、海洋功能区划、相关政策制度和标准规范等为重要依据，以沿海县级行政区所辖海域为评价单元，采用基础评价—专项评价—过程评价相结合的技术方法，实现对海洋资源环境承载状态的测度、承载机制的科学认知和对人为开发活动预警的逐次递进，技术路线图如图 2-2 所示。

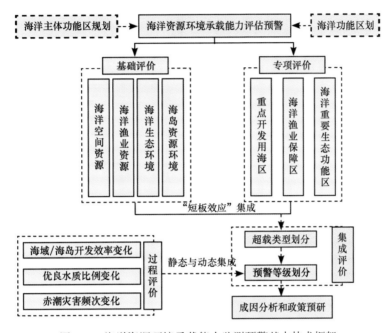

图 2-2　海洋资源环境承载能力监测预警基本技术框架

（一）海洋资源环境承载能力基础评价

海洋资源环境承载能力基础评价是对所有沿海县级行政区所辖海域的全覆盖评价，包括海域空间资源、海洋渔业资源、海洋生态环境和海岛资源环境 4 项基础要素，通过岸线和海域开发强度、渔业资源综合承载指数、海洋功能区水质达标率、海洋生态承载指数、无居民海岛开发强度和生态状况 7 项指标测算确定（图 2-3）。基础评价主要评估各类开发活动对海洋资源和生态环境影响程度的差异，标准阈值的确定充分考虑不同海洋主体功能区和不同海洋功能区划的差异化要求。基础评价的指标含义及其评价方法具体见表 2-1，评价所用数据资料主要从历年海洋生态环境监测和保护管理、海域使用管理、海洋渔业管理、海岛保护与管理获取，也包括卫星遥感解译数据资料等。

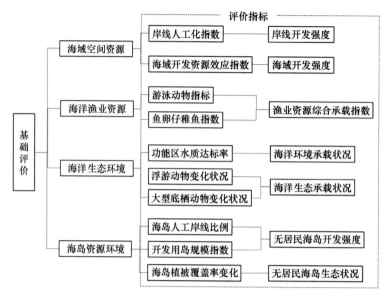

图 2-3　海洋资源环境承载能力基础评价指标体系

表 2-1　海洋资源环境承载能力基础评价指标含义与评价方法

一级指标	二级指标	指标含义	评估方法
海洋空间资源	岸线开发强度	主要岸线开发利用类型的综合资源环境效应	主要人工岸线长度，依据其资源环境影响系数归一化之后，占区域岸线总长度的比例
	海域开发强度	各种海域使用类型对海域资源总体耗用程度	各种海域使用类型的面积，依据其资源耗用指数归一化，占海域使用总面积的比例
海洋渔业资源	游泳动物指数	海洋渔业主要捕捞对象的资源量变化情况	以近海渔获物经济种类比例和营养级状况的多年变化趋势综合反映
	鱼卵仔稚鱼指数	海洋渔业资源的可持续发展状态	以鱼卵密度和仔稚鱼密度的多年变化趋势综合反映
海洋生态环境	海洋环境承载状况	海水水质等级对海洋环境管理要求的符合程度	统计评估符合海洋功能区水质要求的面积占海域总面积的比重，计算海洋功能区水质达标率
	海洋生态承载状况	海洋生态系统结构和功能是否退化及退化程度	以海域浮游生物、大型底栖生物多样性的多年变化趋势综合反映
海岛资源环境	无居民海岛开发强度	无居民海岛人工岸线和岛上开发用地情况	以无居民海岛人工岸线长度占海岛总岸线长度之比、无居民海岛已开发利用面积占海岛总面积之比综合反映
	无居民海岛生态状况	无居民海岛生态系统的稳定性	无居民海岛植被覆盖度的变化率

（二）海洋资源环境承载能力专项评价

海洋资源环境承载能力专项评价以《全国海洋主体功能区划》明确的重要类型区为评价区域，选择针对性、差异性的特征指标开展评价，包括重点开发建设用海区、海洋渔业保障区、重要海洋生态功能区 3 类（图 2-4）。

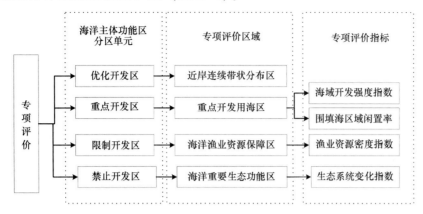

图 2-4 海洋资源环境承载能力专题评价框架

（1）重点开发用海区。其开发建设以填海造地用海方式为主，为了控制重点开发建设用海区的围填海强度，提高围填海形成土地的使用效能，通过选取围填海强度指数、围填海存量资源利用指数开展专项评价，并根据短板效应确定重点开发建设用海区的围填海综合指数。

（2）海洋渔业保障区。以提供海洋水产品为主要功能，包括传统渔场、海水养殖区和水产种质资源保护区，主要选择与海洋渔业自然资源相关的渔业捕捞区和水产种质资源保护区为评价区域，以渔业资源量近 5 年与近 10 年平均值变化率的差异表征其资源保障能力。

（3）重要海洋生态功能区。是指全国海洋主体功能区规划中对维护海洋生物多样性、保护典型海洋生态系统具有重要作用的海域，主要包括海洋特别保护区、海洋自然保护区和其他重要海洋生态功能区，通过评价典型生境植被覆盖度变化和保护对象变化等，根据短板效应确定重要海洋生态功能区的生态系统变化指数。

（三）海洋资源环境承载能力过程评价

海洋资源环境承载能力过程评价主要通过对海洋资源消耗、环境损害及生态变化的评价，表征海洋资源环境承载能力的状态趋势，所采用的主要指标包括海域/海岛开发强度变化（海域开发资源效应指数或无居民海岛开发强度）、环境污染程度变化（优良水质比例）、生态灾害风险变化（赤潮灾害频次）。当 3 项指标中有两项及以上指标过程评价结果为"趋差"时，区域海洋资源环境的耗损加剧，否则为趋缓型。

（四）海洋资源环境承载能力集成评价

根据基础评价和专项评价的各单项指标测算结果，通过"短板效应"集成，综合划分县级行政区所辖海域的海洋资源环境"超载""临界超载"和"不超载" 3 种类型。在此基础上，根据资源环境损耗的过程评价，对超载区域和临界超载区域进行预警等级划分，将超载区域分为极重警（红色预警）、重警（橙色预警）两级；将临界超载区域分为中警（黄色预警）、轻警（蓝色预警）两级，不超载区域为无警（图2-5），集成评价原理与陆域集成评价方法体系相衔接。

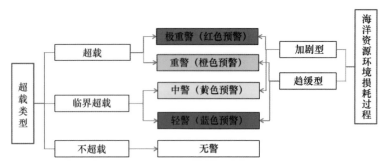

图2-5　海洋资源环境承载能力预警等级划分思路

第三节　海洋资源环境承载能力监测预警工作技术流程与要求

一、海洋资源环境承载能力监测预警技术流程

海洋资源环境承载能力监测预警工作主要技术环节包括准备阶段、监测阶段、评价阶段、集成预警阶段、政策预研阶段和成果编制阶段共6个环节。

（一）准备阶段

准备阶段主要工作是制定海洋资源环境承载能力监测预警工作技术方案，包括：①接受海洋资源环境承载能力监测预警工作任务，一般由海洋资源环境主管部门根据工作需求下达年度工作任务，明确任务承担单位；②组建海洋资源环境承载能力监测预警工作技术团队，由包括海洋空间资源、海洋渔业资源、海洋生态环境方面的专业技术骨干组成工作技术团队；③开展海洋资源环境承载能力监测预警技术规范学习和培训，学习国家统一制定的海洋资源环境承载能力监测预警技术规范，聘请相关专家就有关关键问题讲解培训；④开展监测预警工作区域调查研究，了解评价区域资源环境基本概况和主要问题；⑤制定海洋资源环境承载能力监测预警工作技术方案，并聘请相关专家咨询完善，最后提交任务下达部门审核。

（二）监测阶段

监测阶段是海洋资源环境承载能力监测预警工作的基础数据获取阶段，需要根据海洋资源环境承载能力监测预警技术规范分组组织开展数据监测，具体包括海岸线开发利用现状遥感监测，海域使用数据收集与遥感补充监测，海洋渔业资源历史调查数据收集与当年海洋渔业资源现状调查，海洋水环境污染状况动态监测与整理，海洋生态状况历史数据收集与当年现状动态监测，无居民海岛海岸线、海岛开发、海岛生态状况遥感监测，以及重点开发用海区海域开发现状遥感监测、渔业资源保障区渔业资源调查、重要海洋生态功能区保护对象调查与遥感监测、海洋生态灾害发生数据收集与调查等。

（三）评价阶段

评价阶段就是按照海洋资源环境承载能力监测预警技术规范的主要评价内容，分组开展基础评价、专项评价和过程评价。

（四）集成预警阶段

集成预警阶段是在评价阶段的基础上，对基础评价结果、专项评价结果按照"短板效应"进行集成分析，对评价区域的各个评价单元给出超载、临界超载、可载3个等级划分。在集成分析的基础上，针对超载区域、临界超载区域，结合过程评价结果，进行预警等级确定。

（五）政策预研阶段

政策预研阶段主要按照因果链分析方法，逐一分析超载区域的超载因素及其超载原因，提出海洋资源环境超载的管控措施和预期方案，为管理部门进行海洋资源环境整改提供依据。

（六）成果编制阶段

成果编制阶段主要编制海洋资源环境承载能力监测预警报告、海洋资源环境承载能力监测预警图集等工作成果，并召开专家评审会，听取相关专家对本项工作的修改完善意见与建议。

海洋资源环境承载能力监测预警技术流程从准备阶段→监测阶段→评估阶段→集成预警阶段→政策预研阶段→成果编制阶段，具体技术流程见图2-6。

二、海洋资源环境承载能力监测预警主要技术要求

（一）监测技术要求

（1）海岸线监测需采用前1年采集的覆盖监测预警全区域的高空间分辨率（空间分辨率优于5.0 m）卫星遥感影像，在几何精校正、影像融合等预处理工作的基础上，在1∶10 000比例尺下提取当时海岸线位置与类型，必要时辅以现场实际踏勘测量与影像采集。

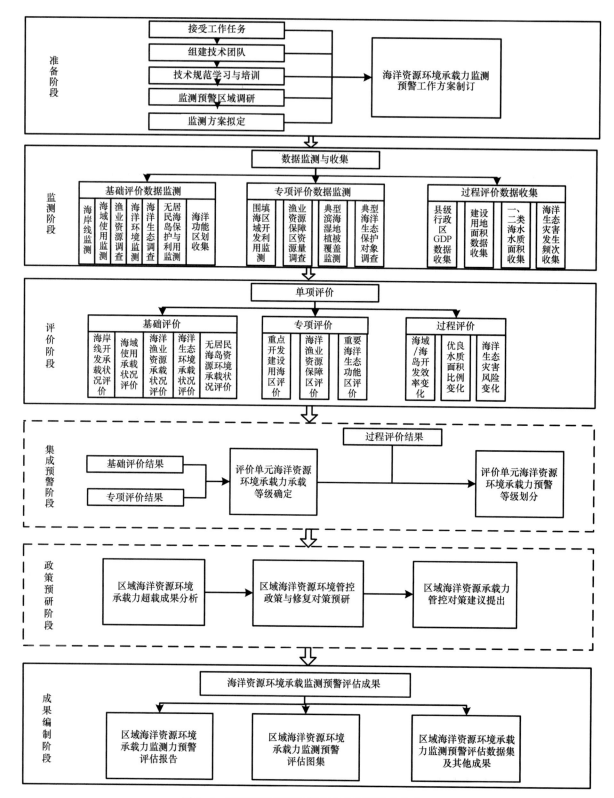

图 2-6　海洋资源环境承载能力监测预警技术流程

（2）海域使用以海域使用确权数据为主，同时补充必要的未确权海域使用数据。未确权海域使用数据补充可从行政主管部门搜集或卫星遥感影像监测，监测技术要求同海岸线。

（3）海洋渔业资源调查监测技术要求见 SC/T 9403—2012。

（4）海洋环境承载状况监测主要包括无机氮（DIN）、活性磷酸盐（PO$_4^{3-}$-P）、化学需氧量（COD）、石油类，海水水质标准见 GB 3097。

（5）海洋生态调查方法及技术要求见 GB/T 12763.6。滩涂范围为 0 m 等深线至海岸线之间的区域，采用海岸线监测数据与 0 m 等深线矢量数据闭合计算滩涂面积。

（6）无居民海岛开发利用和生态状况监测采用卫星遥感影像方法，卫星遥感影像技术要求同海岸线监测。无居民海岛海岸线监测分为人工海岸线和自然海岸线。无居民海岛开发用岛监测分为基础设施与公共服务、坑塘养殖以及耕地、园地和经济林 3 种海岛利用类型，其中基础设施与公共服务包括工矿仓储、交通运输、公共设施、水利设施、农业设施、军事设施等具有建设属性的开发利用类型。

（7）围填海区域开发利用监测采用卫星遥感影像方法，卫星遥感影像技术要求同海岸线。根据围填海区域开发利用特征，将围填海区域分为已开发利用区域和未开发利用区域，已开发利用区域包括开发建设的城镇区、工业区、港口区、旅游区、道路、绿地、湿地与水系等开发利用区域，未开发利用区域包括尚未开发建设的填而未建区域和低密度建设区域，其中低密度建设区域中应剔除已开发建设的区域面积。

（8）典型生境植被覆盖变化率主要监测有植被覆盖的滩涂湿地区域，包括红树、柽柳、芦苇、碱蓬等。监测方法主要采用卫星遥感方法，可采用空间分辨率 30 m 左右的卫星遥感影像，在几何精校正等预处理工作的基础上计算植被 NDVI 指数、植被覆盖度和植被覆盖变化率。

（二）评价技术要求

基础评价以县级行政区管辖海域为单元，对所有县级行政区管辖海域全覆盖评价。对于市辖区管辖海域面积较小的单元可作适当合并。

专项评价需结合海洋主体功能区规划和实际情况，对重点区域评价，其中重点开发建设用海区主要对当前正在大规模开发建设和已经大规模开发建设区域评价；海洋渔业资源保障区主要对传统渔场、海水养殖区和水产种质资源保护区评价；重要海洋生态功能区主要对海洋生物多样性聚集区、典型海洋生态系统、重要海洋自然保护区评价。

过程评价的评价单元同基础评价。

（三）成果编制技术要求

海洋资源环境承载能力监测预警工作成果包括海洋资源环境承载能力监测预警评估报

告、海洋资源环境承载能力监测预警图集、海洋资源环境承载能力监测预警数据集等其他成果。海洋资源环境承载能力监测预警图集内容包括监测预警区域行政区划与评价单元专题图、基础地理专题图、海洋功能区划专题图、海洋主体功能区规划专题图、海洋资源环境承载能力预警等级专题图、海洋资源环境承载能力承载等级集成专题图、基础评价专题图、专项评价专题图、过程评价专题图等。

第三章 海洋资源环境承载能力基础评价方法

第一节 海岸线开发承载力监测评价方法

海岸线不仅是海洋与陆地的分界线，更是一种重要的海岸带空间要素。海岸线的空间位置、走向、形态、开发利用方式等不仅是海岸带空间格局直观表现，而且是区域生态环境、经济发展、政策导向等因素外在的体现。海岸线过度开发是影响我国近岸海域资源环境承载能力的四大主要因素之一，评价海岸线开发承载力是保护海岸线资源的前提和基础，有助于了解海岸带生态环境、开发利用状况和经济社会可持续发展。目前，海洋资源环境承载能力评价只是把海岸线作为其中一个评价因子，还未有专门的海岸线开发承载力评价方法，本节基于海洋功能区划管控要求和海岸线人工化状态，建立海岸线开发利用承载力评价标准和指标，对海岸线开发利用承载能力进行定量、客观的评价。

一、海岸线开发利用现状监测

海岸线开发利用现状监测，主要利用卫星遥感影像采集的海岸线形状、尺寸、色彩及结构等特征与现场调查相结合，根据海岸线开发利用程度，建立各种不同类型海岸线卫星遥感解译标志（表3-1）。采用人–机交互方式目视判别海岸线地物特征，提取卫星遥感影像上的各种海岸线类型、位置及其长度，形成海岸线遥感监测矢量数据。

表 3-1　各类海岸线开发利用类型及其影像特征

序号	海岸线类型	空间形态特征	色彩特征	影像样本
1	港口海岸线	海岸线走向顺直拐角方正，凹凸相间，水陆毗邻，无潮滩	港池水体呈黑灰色，码头区域为浅灰色，裸露地呈亮灰色	
2	工业城镇海岸线	海岸线走向顺直，人工构筑特征明显，海岸线以上多为工业城镇区	建筑物色彩随建筑屋顶色彩呈浅红、浅蓝等各种色彩；居住楼房成暗灰色，道路呈亮灰色	

序号	海岸线类型	空间形态特征	色彩特征	影像样本
3	防护海岸线	海岸线走向顺直，海岸线上下多为自然海岸景观	海岸线人工堤坝呈亮灰色，海岸线以上植被为深绿色或浅绿色，潮滩呈暗灰色	
4	围塘堤坝海岸线	海岸线走向顺直，海岸线以上为形状规则的围塘	海岸线及其各类堤坝呈亮灰色，池塘水体呈灰蓝色，海岸线以下水体呈灰或深蓝色	
5	自然海岸线	海岸线走向自然，海岸线上下多为自然海岸景观	海岸线因底质不同色彩各异，砂质海岸线呈亮灰色，基岩海岸线呈暗灰色，淤泥质海岸线呈深灰色	

二、海岸线开发承载力评价

（一）海岸线开发现状评价方法

将卫星遥感影像监测获取的海岸线开发利用现状划分为港口码头海岸线、工业与城镇海岸线、防护堤坝海岸线、围塘堤坝（围海养殖、盐田等）海岸线、自然海岸线 5 种类型。根据各种海岸线开发活动对潮间带生态环境影响程度的差异，采用专家打分法向本行业内专家发放以上 5 种海岸线类型影响因子打分表，统计各位专家反馈打分结果，去除明显不合理的打分，每类岸线均选取人工岸线专家打分的平均值作为该类岸线的影响因子（表 3-2）。

表 3-2 人工海岸分类及其海洋资源环境影响

分类		海洋资源环境影响描述	影响因子
人工海岸	围塘堤坝岸线	对海岸生态功能有一定影响，部分影响可恢复	$q_B = 0.40$
	防护堤坝岸线	对海岸生态功能有一定影响，部分影响不可恢复	$q_T = 0.60$
	工业与城镇岸线	对海岸生态功能影响较大，部分影响不可恢复	$q_G = 0.80$
	港口码头岸线	对海岸线生态功能影响很大，影响不可恢复	$q_H = 1.0$

采用长度加权求和方法计算海岸线人工化指数，计算公式如下：

$$P_A = \frac{l_{mB} \times q_B + l_{mT} \times q_T + l_{mG} \times q_G + l_{mH} \times q_H}{l_{总}} \qquad (3-1)$$

式中，P_A 为海岸线人工化指数；$l_{总}$ 为海岸线总长度，l_{mB}、l_{mT}、l_{mG}、l_{mH} 分别为围塘堤坝岸线、防护堤坝岸线、工业与城镇岸线、港口码头岸线长度；q_B、q_T、q_G、q_H 分别为 4 种人工海岸类型对海洋资源环境的影响程度赋值。

（二）海岸线开发承载力评价标准

海洋功能区划是我国海洋空间用途管制的主要技术依据。海洋功能区划将我国近岸海域空间分为农渔业区、港口航运区、工业与城镇用海区、矿产与能源区、旅游休闲娱乐区、海洋保护区、特殊利用区和保留区等 8 个一级海洋基本功能区和 22 个二级海洋基本功能区，并对 8 个一级海洋基本功能区类型毗邻海岸线的开发利用管控规模、等级与生态环境保护要求等做了明确规定。依据海洋功能区划一级海洋基本功能区开发利用管控要求，结合采用专家打分法，对 8 个一级海洋基本功能区的海岸线允许开发强度因子进行打分，形成各类海洋基本功能区海岸线允许开发强度因子（表 3-3）。

表 3-3　主要海洋基本功能区类型海岸线允许开发强度因子

海洋功能区类型	允许开发强度因子
港口航运区	$w_i = 0.80$
工业与城镇区	$w_i = 0.60$
矿产与能源区	$w_i = 0.40$
农渔业区	$w_i = 0.40$
旅游休闲娱乐区	$w_i = 0.30$
特殊利用区	$w_i = 0.20$
海洋保护区	$w_i = 0$
保留区	$w_i = 0$

根据海洋功能区划各类海洋基本功能区类型对毗邻海岸线的开发强度管控要求与标准，采用加权求和法测算区域海岸线开发利用标准，计算公式如下：

$$P_{CO} = \frac{\sum_{i=1}^{8} w_i l_i}{l_{总}} \qquad (3-2)$$

式中，P_{CO} 为区域海岸线开发利用标准；l_i 为第 i 类海洋功能区毗邻海岸线长度；w_i 为第 i 类海洋功能区允许的海岸线开发强度因子，并遵循海洋主体功能区规划的管控要求。

（三）海岸线开发承载力评价方法

以海岸线人工化指数为海岸线开发承载主体，以海岸线开发利用标准为海岸线开发承载客体，计算海岸线开发承载力指数（S_1），方法如下：

$$S_1 = \frac{P_{CO} - P_A}{P_{CO}} \qquad (3-3)$$

式中，S_1为海岸线开发承载指数；P_A为海岸线人工化指数；P_{CO}为海岸线开发利用标准。

海岸线开发承载指数（S_1）划分为Ⅰ级、Ⅱ级和Ⅲ级，当海岸线开发承载指数（S_1）不小于0.20时，为Ⅰ级；当海岸线开发承载指数（S_1）不小于0而小于0.20时，为Ⅱ级；当海岸线开发承载指数（S_1）小于0时，或区域自然海岸线保有率低于海洋生态保护红线等管控要求时，为Ⅲ级。此外，也可根据省级海洋主体功能区划和海洋功能区划的有关要求，国务院《海岸线保护与利用管理办法》，以及国家、地方省（自治区、直辖市）海洋生态保护红线管控要求等，对区域海洋空间资源开发利用强度实行差异化标准设置[121]。

第二节　海域空间开发承载力监测评价方法

近岸海域是我国海洋开发利用活动最为集中的区域，据统计全国90%以上的海域使用活动都集中在距离海岸线5 km范围内。随着我国海域开发利用强度的不断增大，加强海洋开发利用管理成为社会发展的共识，开展海域开发利用承载力评价是加强海洋开发利用管理的基础工作。海洋功能区划是《中华人民共和国海域使用管理法》依法确定的海域使用管理的重要技术依据，是开展海域开发利用承载力评价的重要依据。为探讨海洋功能区划体系下的海洋开发利用承载力评价方法，本节探索构建海域开发利用承载力评价的指标体系方法与评价标准，以期为海域开发利用承载力评价，海域综合管理提供技术方法和依据。

一、海域空间开发承载力监测与评价数据要求

海域开发利用现状数据主要来源于国家海域使用动态监视监测管理系统中的海域使用确权数据，时间要求为评价工作开展的前一年年底所有海域使用确权数据。对于实际海域使用（主要是围填海）与海域使用确权数据差异较大的区域，可采用最新采集的卫星遥感影像，以人–机交互方式提取实际使用（围填）而未确权的用海区域，形成相对完整的评价区域海域使用现状矢量数据。

海洋功能区划数据为国务院批复的省级海洋功能区划矢量数据。

二、海域空间开发承载力评价方法

（一）海域空间开发利用现状评价方法

海域使用分类[9]将我国的海域使用划分为渔业用海、交通运输用海、工业用海、旅游娱乐用海、海底工程用海、排污倾倒用海、造地工程用海和特殊用海共8个一级海域使用

类型与30个二级海域使用类型。为了全面客观地反映各类海域开发利用活动对海域资源的耗用程度，本文采用专家打分法，以打分表的形式咨询熟悉海域开发与管理领域的36位专家，邀请专家对30个二级海域使用类型的海域资源耗用程度进行0~1.0之间的打分。剔除明显不合理的打分，统计分析专家打分结果，取每类海域使用类型的平均专家打分为该海域使用类型的海域资源耗用系数。

以每类海域使用方式的用海面积及其海域使用资源耗用系数为基础，构建海域开发强度指数如下：

$$P_E = \frac{\sum_{i=1}^{n}(S_i \times l_i)}{S} \tag{3-4}$$

式中，P_E 为海域开发强度指数；n 为海域使用方式数；S_i 为第 i 种海域使用方式的用海面积；S 为评价单元海域总面积；l_i 为第 i 种海域使用方式的资源耗用系数（表3-4）。

表 3-4   各类海域使用方式的资源耗用系数

海域使用一级方式	海域使用二级方式	l_i
填海造地	建设填海造地	1.00
	农业填海造地	1.00
	废弃物处置填海造地	1.00
构筑物	非透水构筑物	1.00
	跨海桥梁等	0.30
	透水构筑物	0.40
围海	港池、蓄水池等	0.20
	盐业	0.80
	围海养殖	0.80
开放式	开放式养殖	0.10
	海水浴场	0.10
	游乐场	0.10
	专用航道、锚地及其他开放式用海	0.10
其他用海方式	人工岛式油气开采	1.00
	平台式油气开采	0.40
	海底电缆管道	0.10
	海砂等矿产开采	0.30
	取、排水口	0.10
	污水达标排放	0.30
	倾倒	0.30

（二）海域空间开发承载力评价标准

海洋功能区划是海洋空间开发利用管理的基本依据。海洋功能区划将海洋空间划分为农渔业区、港口航运区、工业与城镇建设区、矿产与能源区、旅游娱乐区、海洋保护区、特殊利用区和保留区 8 个一级海洋基本功能区，并根据每类海洋基本功能区的开发利用与保护目标，提出禁止改变海域自然属性、严格限制改变海域自然属性和允许适度改变海域自然属性等管控要求[10]。

本文根据海洋功能区划对各类海洋基本功能区海域空间开发利用与保护的管控要求：①农渔业区主要允许开展以农渔业资源开发利用为主的用海活动，包括渔业捕捞、渔业增养殖、渔业品种养护，以及有限的渔业基础设施建设和农业围垦；②港口航运区主要允许开展以港口航运为主的开发利用活动，允许适度改变海域自然属性修建港口码头基础设施；③工业与城镇建设用海区主要为工业发展和城镇拓展用海区，允许填海造地等完全改变海域自然属性的用海活动；④矿产与能源区主要为开发海洋矿产和能源资源的用海区，允许为开发海洋矿产与能源资源而有限改变海域自然属性修建海洋矿产与能源资源开发辅助技术设施；⑤旅游娱乐区主要为发展海洋旅游娱乐产业的用海区域，允许有限改变海域自然属性建设旅游娱乐基础设施；⑥海洋保护区以保护海洋生态环境和自然资源为主，在实验区允许少量开发活动；⑦特殊利用区为海洋资源的特殊利用设置的功能区，允许为利用海洋空间而少量改变海域自然属性；⑧保留区为保留有待以后利用的海洋空间，要求逐步减少开发利用强度。

针对以上各类海洋基本功能区对海域开发利用活动的管控要求，同时咨询专家建议，建立了各类海洋基本功能区海域开发利用允许因子（表 3-5）。以海洋功能区划矢量数据为基础，结合每类海洋基本功能区的允许开发利用因子，建立海域空间开发利用标准如下：

$$P_{M0} = \frac{\sum_{i=1}^{8} h_i a_i}{S} \qquad (3-5)$$

式中，P_{M0} 为海域空间开发利用标准；a_i 为第 i 类海洋基本功能区面积；h_i 为第 i 类海洋基本功能区的允许开发利因子。

表 3-5　各海洋基本功能区及允许开发利用因子

海洋功能区类型	海洋功能区允许的海洋开发程度	允许开发因子
农渔业区	允许有限改变海域自然属性，并符合海洋主体功能区规划的管控要求	$h_i = 0.60$
港口航运区	允许适度改变海域自然属性，并符合海洋主体功能区规划的管控要求	$h_i = 0.70$
工业与城镇建设区	允许填海造地等完全改变海域自然属性的用海活动，但比例不能超过 60%，并符合海洋主体功能区规划的管控要求	$h_i = 0.60$
矿产与能源区	允许有限改变海域自然属性，符合海洋主体功能区规划的管控要求	$h_i = 0.60$
旅游娱乐区	允许有限改变海域自然属性，并符合海洋主体功能区规划的管控要求	$h_i = 0.60$
海洋保护区	不允许改变海域自然属性，实验区允许适度开发利用	$h_i = 0.20$
特殊利用区	允许少量改变海域自然属性，并符合海洋主体功能区规划的管控要求	$h_i = 0.40$
保留区	不允许改变海域自然属性，逐步降低开发强度	$h_i = 0.10$

（三）海域空间开发承载力评价方法

海域开发利用承载力评价就是评价海域开发利用活动的承载力程度，这里的承载对象是海域开发利用活动，承载体是海域空间[96]。以海域开发利用实际情况作为海域开发利用承载对象的度量，以海洋功能区划确定的海域开发利用允许程度作为海域开发利用承载力评价的基本标准，建立海域开发承载力指数如下：

$$R_2 = \frac{P_E}{P_{M0}} \qquad (3-6)$$

式中，R_2 为海域开发承载力指数；P_E 为海域开发强度指数；P_{M0} 为海域空间开发利用标准。

根据区域海域开发承载力指数 R_2 的大小，将海域开发承载力状况划分为高、中、低 3 个等级，并对每个承载力等级进行标准赋值，具体划分依据见表 3-6。

表 3-6 海域开发利用承载力指数分级与赋值

划分阈值	评估结果	承载力等级	赋值
$R_2 < 0.15$	低	Ⅰ级	1
$0.30 > R_2 \geqslant 0.15$	中	Ⅱ级	2
$R_2 \geqslant 0.30$	高	Ⅲ级	3

第三节 海洋渔业资源开发承载力评价方法

海洋渔业资源是海洋资源中最重要，也是最具代表性的海洋资源。海洋渔业资源开发承载力评价是定量分析海洋渔业资源养护与开发强度的基础工作，也是海洋资源环境承载能力评价的基础内容。本节采用渔业资源综合承载指数表征近岸海洋渔业资源的承载状况。

一、海洋渔业资源综合承载指数

近岸海洋渔业资源承载状况由海洋渔业资源综合承载指数表征。海洋渔业资源综合承载指数由游泳动物指数（F_1）、鱼卵仔稚鱼指数（F_2）的单指标评估结果加权求和得到，计算公式如下：

$$F = F_1 \times 0.6 + F_2 \times 0.4 \qquad (3-7)$$

根据海洋渔业资源综合承载指数，将评价结果划分为超载、临界和可载 3 种类型。通常，当 $F < 1.5$ 时，海洋渔业资源超载；当 $1.5 \leqslant F < 2.5$ 时，海洋渔业资源临界超载；当 $F \geqslant 2.5$ 时，海洋渔业资源可载。

二、海洋游泳动物指数

游泳动物指数（F_1）由渔获物经济种类比例和近海平均营养级指数求和取平均值得到，计算公式如下：

$$F_1 = \frac{ES + TL}{2} \tag{3-8}$$

式中，F_1 为游泳动物指数；ES 为渔获物经济种类比例；TL 为近海平均营养级指数。通常，当 $F_1 \geq 2.5$ 时，游泳动物指数基本稳定；当 $1.5 \leq F_1 < 2.5$ 时，游泳动物指数呈下降趋势；当 $F_1 < 1.5$ 时，游泳动物指数显著下降。

（一）渔获物经济种类比例（ES）

根据近海渔业资源监测调查获取的渔获物中经济渔业种类所占比例与近 3 年的平均值的差值，得到经济种类比例的变化幅度（ΔES）。通常，当 ΔES 与近 3 年平均值之比 >10% 时，渔获物经济种类比例显著下降，ES 赋值为 1；当 ΔES 与近 3 年平均值之比介于 5%～10% 时，渔获物经济种类比例下降，ES 赋值为 2；当 ΔES 与近 3 年平均值之比 ≤5% 时，渔获物经济种类比例呈基本稳定，ES 赋值为 3。

（二）渔获物营养级状况（TL）

通过近海渔获物平均营养级指数的变化情况，表征区域海洋生态系统结构和功能的稳定性，以及对海洋生物资源开发利用的承载能力。计算方法如下：

$$TL = \frac{\sum_{i=1}^{n} (TL_i)(Y_i)}{\sum_{i=1}^{n} (Y_i)} \tag{3-9}$$

式中，TL 为近海平均营养级指数；Y_i 为海域捕捞的第 i 种鱼类渔获量；TL_i 为第 i 种鱼类的营养级。根据评价单元内近海渔获物的平均营养级指数与区域标准值的差值，得到变化幅度（ΔTL）。通常，当 ΔTL 与标准值之比 >5% 时，近海渔获物营养级显著下降，TL 赋值为 1；当 ΔTL 与标准值之比介于 3%～5% 时，近海渔获物营养级下降，TL 赋值为 2；当 ΔTL 与标准值之比 ≤3% 时，近海渔获物营养级基本稳定，TL 赋值为 3。

三、鱼卵仔稚鱼指数

鱼卵仔稚鱼指数（F_2）由鱼卵密度和仔稚鱼密度加权求和得到，计算公式如下：

$$F_2 = F_E \times 0.2 + F_L \times 0.8 \tag{3-10}$$

式中，F_2 为鱼卵仔稚鱼指数，F_E 为鱼卵密度，F_L 为仔稚鱼密度。通常，当 $F_2 \geq 2.5$ 时，鱼卵仔稚鱼指数基本稳定；$1.5 \leq F_2 < 2.5$ 时，鱼卵仔稚鱼指数呈下降趋势；$F_2 < 1.5$ 时，鱼

卵仔稚鱼指数显著下降。

（一）鱼卵密度（F_E）

根据近海渔业资源监测调查值与近 3 年的平均值的差值，得到鱼卵密度变化幅度（ΔF_E）。通常，当 ΔF_E 与近 3 年平均值之比>30%时，鱼卵密度显著下降，F_E 赋值为 1；当 ΔF_E 与近 3 年平均值之比介于 10%～30%时，鱼卵密度下降，F_E 赋值为 2；当 ΔF_E 与近 3 年平均值之比≤10%时，鱼卵密度基本稳定，F_E 赋值为 3。

（三）仔稚鱼密度（F_L）

根据近海渔业资源监测调查值与近 3 年的平均值的差值，得到仔稚鱼密度变化幅度（ΔF_L）。通常，当 ΔF_L 与近 3 年平均值之比>30%时，仔稚鱼密度显著下降，F_L 赋值为 1；当 ΔF_L 与近 3 年平均值之比介于 10%～30%时，仔稚鱼密度下降，F_L 赋值为 2；当 ΔF_L 与近 3 年平均值之比≤10%时，仔稚鱼密度基本稳定，F_L 赋值为 3。

第四节　海洋生态环境承载力评价方法

海洋生态环境承载力评价主要揭示海洋生态环境的承载状况，包括海洋环境承载状况和海洋生态承载状况两个方面[88,91]。其中，海洋环境承载状况通过海洋功能区水质达标率反映，海洋生态承载状况通过浮游植物、浮游动物和大型底栖动物的生物量、生物密度以及生物多样性指数的变化来反映。

一、海洋环境承载力评价方法

根据近岸海域水质监测与调查结果，依据《海水水质标准》（GB 3097—1997）采用无机氮（DIN）、活性磷酸盐（$PO_4^{3-}-P$）、化学需氧量（COD）、石油类等指标，计算各类海水水质等级的海域面积。通过统计评价符合海洋功能区水质要求的面积占海域总面积的比重，反映海洋环境承载状况[46]。海洋环境承载状况由海洋环境承载指数表征，海洋环境承载指数（E_1）为符合海洋功能区水质要求的面积占海域总面积的比例，一级海洋功能区水质达标率要求见表 3-7，海水水质监测技术方法见 GB 17378.1—4。海洋环境承载指数划分为Ⅰ级、Ⅱ级和Ⅲ级，当海洋环境承载指数（E_1）>0.90 时，为Ⅰ级；当海洋环境承载指数（E_1）>0.80 而≤0.90 时，为Ⅱ级；当海洋环境承载指数（E_1）<等于 0.80 时，为Ⅲ级。

表3-7　一级海洋功能区水质达标率的评价标准

功能区类型	农渔业区	港口航运区	工业与城镇用海区	矿产与能源区
水质要求	不劣于二类	不劣于四类	不劣于三类	不劣于四类
功能区类型	旅游休闲娱乐区	海洋保护区	特殊利用区	保留区
水质要求	不劣于二类	不劣于一类	不劣于现状	不劣于现状

注：由于特殊利用区和保留区的功能特性，《全国海洋功能区划》中对其水质要求为"不劣于现状"。但考虑两类功能区的需求，目前，在实际评价中这两项是按照不劣于四类的标准进行评价的，可根据主体功能区划的具体类型确定更为细化的要求。

二、海洋生态承载力评价方法

洋生态承载状况由海洋生态综合承载指数表征。海洋生态综合承载指数（E_2）为海洋浮游植物指数（E_{2-1}）、海洋浮游动物指数（E_{2-2}）和海洋大型底栖动物指数（E_{2-3}）的单指标评价结果求和平均，计算公式如下：

$$E_2 = \frac{E_{2-1} + E_{2-2} + E_{2-3}}{3} \tag{3-11}$$

海洋生态综合承载指数划分为Ⅰ级、Ⅱ级和Ⅲ级，当海洋生态综合承载指数（E_2）≥2.50时，为Ⅲ级；当海洋生态综合承载指数（E_2）≥1.50而<2.50时，为Ⅱ级；当海洋生态综合承载指数（E_2）<1.50时，为Ⅰ级。

（一）浮游植物指数（E_{2-1}）

采用海洋生物多样性/生态监控区的浅水Ⅲ型网浮游植物监测数据，借鉴《近岸海洋生态健康评价指南》（HY/T 087）相关评价方法进行计算。计算公式如下：

$$E_{2-1} = \frac{|\Delta D_1| + |\Delta R_1| + |\Delta H_1|}{3} \tag{3-12}$$

式中，E_{2-1}为浮游植物变化状况，D_1、R_1和H_1分别为近5~10年来浮游植物密度、浮游植物甲藻数量占比以及浮游植物多样性指数的平均值，ΔD_1、ΔR_1、ΔH_1分别为浮游植物密度、浮游植物甲藻数量占比以及浮游植物多样性指数的现状值与平均值的变化率。当E_{2-1}>50%时，浮游植物呈明显变化，赋值为1；当25%<E_{2-1}≤50%时，浮游植物出现波动，赋值为2；当E_{2-1}≤25%时，浮游植物基本稳定，赋值为3。

（二）浮游动物变化状况（E_{2-2}）

采用用海洋生物多样性/生态监控区的浮游动物Ⅰ型网监测数据，借鉴《近岸海洋生态健康评价指南》（HY/T 087）相关评价方法进行计算。计算公式如下：

$$E_{2-2} = \frac{|\Delta D_2| + |\Delta N_2| + |\Delta H_2|}{3} \tag{3-13}$$

式中，E_{2-2} 为浮游动物变化状况；D_2、N_2、H_2 分别为近 $5\sim10$ 年来浮游动物密度、生物量和多样性指数的平均值；ΔD_2、ΔN_2、ΔH_2 分别为浮游动物密度、生物量和多样性指数现状值与平均值的变化率。当 $E_{2-2}>50\%$ 时，浮游动物呈明显变化，赋值为 1；当 $25\%<E_{2-2}\leqslant 50\%$ 时，浮游动物出现波动，赋值为 2；当 $E_{2-2}\leqslant 25\%$ 时，浮游动物基本稳定，赋值为 3。

（三）大型底栖动物变化状况（E_{2-3}）

运用海洋生物多样性/生态监控区的大型底栖动物定量监测数据，借鉴《近岸海洋生态健康评价指南》（HY/T 087）相关评价方法进行计算。计算公式如下：

$$E_{2-3}=\frac{|\Delta D_3|+|\Delta N_3|+|\Delta H_3|}{3} \qquad (3-14)$$

式中，E_{2-3} 为浮游动物变化状况；D_3、N_3、H_3 分别为近 $5\sim10$ 年大型底栖动物密度、生物量和多样性指数的平均值，ΔD_3、ΔN_3、ΔH_3 分别为大型底栖动物密度、生物量和多样性指数的现状值与平均值的变化率。当 $E_{2-3}>50\%$ 时，大型底栖动物呈明显变化，赋值为 1；当 $25\%<E_{2-3}\leqslant 50\%$ 时，大型底栖动物出现波动，赋值为 2；当 $E_{2-3}\leqslant 25\%$ 时，大型底栖动物基本稳定，赋值为 3。

三、海洋生态环境承载力阈值分析

海洋生态承载力一般是指海洋自然生态系统维持其服务功能和自身健康的潜在能力，可根据海洋生态系统的影响程度和可恢复性来确定阈值[35,38]。如果健康受到严重影响且短期内难以恢复可确定为超载，海洋生态系统发生不可逆的退化甚至崩溃则认为是严重超载[100]。但是，从人类的社会经济可持续发展视角出发，原有海洋生态环境的不可逆变化并不能确定为生态环境承载能力超载。海洋生态环境承载能力需要结合区域社会经济发展的需求，特别是主导产业类型和区域功能分析区域环境与社会经济发展的关系，在限制性机理研究的基础上确定超载阈值[49-50]。仅根据环境质量标准只能得出一般性而不是针对性结论。比如，以养殖为主的海域，虽然海洋功能区划要求二类水质，但不同的养殖类型对于污染程度的可接纳性实际上有巨大差异，藻类养殖区对富营养化的耐受度要远高于鱼类网箱养殖区，不同鱼类养殖对污染物的耐受性差异也较大，需要根据相关研究和调查统计数据来确定超载阈值，评价得出的结论才具有管理应用价值[75,79]。

第五节　无居民海岛资源环境承载力评价方法

无居民海岛是指不作为常住户口居住地的岛屿、岩礁和低潮高地。无居民海岛是广阔海洋"荒漠"中的"绿洲"，是海洋资源开发的立足点，也是重要的海洋生态栖息地，海洋生物多样性聚集区。我国面积大于 500 m² 的无居民海岛约占海岛总数量的 94%。同有居民海岛相比，无居民海岛面积相对较小，生态环境更为脆弱，开发不当时易造成较大的破坏。随着 2011 年我国第一批无居民海岛开发保护名录的颁布，沿海各地方对于无居民海岛的开发逐渐提上日程。在此情况下，及时有效地开展无居民海岛的资源环境承载力监测评估和预警，对于科学合理地制定无居民海岛保护与利用规划，妥善协调无居民海岛开发利用与海岛脆弱的资源生态环境之间的关系具有重要意义和价值。无居民海岛资源环境承载力评价主要揭示无居民海岛资源环境的承载状况，包含无居民海岛开发强度和无居民海岛生态状况两个方面。其中，无居民海岛开发强度通过海岛人工岸线比例和海岛开发用岛规模指数的组合关系反映，无居民海岛生态状况通过近 10 年来海岛植被覆盖度的变化情况反映[53]。

一、无居民海岛资源环境承载力监测评价指标体系构建

海岛资源环境承载力的评价指标较多，总体上可概括为生态支持能力、资源供给能力、生态调节能力和社会支持能力 4 个类别[87]。对于无居民海岛而言，开展资源环境承载力评价时须对上述指标体系进行简化，否则将对评价结果的客观性产生较大的偏差。这主要是因为无居民海岛具有自身的一些资源环境特点：一是无居民海岛虽然具有开发利用的价值，但其定义属性却决定了该类海岛不具备社会支持能力。二是由于无居民海岛面积相对较小，故生态调节能力不明显。若将邻近海域的资源环境承载力纳入测算范围，则会使得依赖于单次调查对无居民海岛生态调节能力的测算结果具有很强的随机性，较难反映出无居民海岛生态承载力的真实情况。三是无居民海岛邻近海域的生态系统具有开放性和流动性等特点，其承载力具有动态变化性和复杂性等特征[62,66]。

因此，对于无居民海岛资源环境承载力评价时着重选择海岛本身的生态支持能力和资源供给能力 2 个方面进行评价，共设置 2 个一级指标、3 个二级指标。无居民海岛资源环境承载力评价及预警指标体系框架见表 3-8。无居民海岛资源环境承载力评价结论（可载、临界和超载），可根据无居民海岛开发强度和无居民海岛生态状况评价结果，按照"木桶理论"集成。

表 3-8   无居民海岛资源环境承载力评价及预警指标体系

属性	一级指标	二级指标
监测评价	资源供给能力	岸线人工化比例/%
		开发用岛规模指数
	生态支持能力	植被覆盖变化率/%

二、无居民海岛资源环境承载力监测与评价方法

（一）无居民海岛开发强度评价方法

无居民海岛开发强度由无居民海岛人工岸线比例、无居民海岛开发用岛规模指数两项指标评价结果的组合关系反映。

1. 无居民海岛人工岸线比例（I_{11}）

无居民海岛人工岸线比例（I_{11}）是指评估单元所辖无居民海岛人工岸线总长度占无居民海岛海岸线总长度的比例，用于表征无居民海岛自然岸线被改变的程度。计算公式为：

$$I_{11} = I_{11L}/I_{11T} \tag{3-15}$$

式中，I_{11} 为无居民海岛人工岸线比例；I_{11T} 为无居民海岛海岸线总长度；I_{11L} 为无居民海岛人工岸线长度。当 $I_{11} > 30\%$ 时，无居民海岛岸线开发强度较高；当 $20\% < I_{11} \leqslant 30\%$ 时，无居民海岛岸线开发强度临界；当 $I_{11} \leqslant 20\%$ 时，无居民海岛岸线开发强度适宜。

2. 无居民海岛开发用岛规模指数（I_{12}）

根据无居民海岛已开发利用面积占海岛总面积之比，得到无居民海岛开发用岛规模指数（I_{12}）。其中，无居民海岛已开发利用面积（I_{12C}）计算公式如下：

$$I_{12C} = \sum IA_i \times IF_i \tag{3-16}$$

式中，IA_i 为第 i 类海岛利用类型的面积，IF_i 为第 i 类海岛利用类型对资源环境的影响系数（表3-9）。I 为海岛开发利用类型，包括：基础设施与公共服务用地、住宅建设用地、耕地与坑塘养殖用地、园林及林业用地4种主要海岛利用类型。其中，基础设施与公共服务包括工矿仓储、交通运输、公共设施、水利设施、农业设施、军事设施等具有建设属性的开发利用类型。

表3-9　不同用岛类型下海岛利用类型对资源环境的影响权重系数

用岛类型	资源环境影响程度	IF_i
基础设施与公共服务用地	有较大影响	1.0
居住建设用地	有明显影响	0.8
耕地与坑塘养殖用地	有一定影响	0.6
园业、林业	影响较小	0.2

无居民海岛开发强度（I_1）= max（I_{11}，I_{12}）。

当 $I_{12}>30\%$ 时，岛陆开发强度较高；当 $20\%<I_{12}\leqslant30\%$ 时，岛陆开发强度临界；当 I_{12} $\leqslant20\%$ 时，岛陆开发强度适宜。

3. 无居民海岛开发强度集成

无居民海岛开发强度（I_1）根据无居民海岛人工岸线比例（I_{11}）和无居民海岛开发用岛规模指数（I_{12}）的数值高低状况，采用"短板效应"原理综合评价（表3-10）。

表3-10 无居民海岛开发强度（I_1）综合评价方法

评价依据	评价结果
I_{11}、I_{12} 均适宜	适宜
I_{11}、I_{12} 中有任意一个临界，没有较高	临界
I_{11}、I_{12} 中有任意一个较高	较高

（二）无居民海岛生态状况评价方法

无居民海岛生态状况主要通过无居民海岛植被覆盖度的变化率表征海岛生态状况，根据近10年来无居民海岛植被覆盖率的变化情况反映。计算公式如下：

$$I_2 = 1 - \frac{I_{2P}}{I_{20}} \qquad (3-17)$$

式中，I_2 为无居民海岛植被覆盖度变化率；I_{2P} 为评估现状年植被覆盖度；I_{20} 为评估基准年植被覆盖度。

无居民海岛植被覆盖度为无居民海岛岛陆区域自然植被覆盖面积与无居民海岛岛陆总面积的比值。无居民海岛岛陆区域自然植被指无居民海岛海岸线以上的陆地区域自然生长的乔木、灌木、草本、水生、湿生、盐生、沙生植被。基准年植被覆盖度为无居民海岛大规模开发利用前的植被覆盖度。鉴于海岛数据资料的难获取性，若缺少相应年份的数据资料，可选择邻近年份的数据资料来替代，但应在报告中进行明确说明。

当 $I_2>5\%$ 时，无居民海岛生态状况显著退化；当介于 $2\%<I_2\leqslant5\%$ 时，无居民海岛生态状况退化；当 $I_2\leqslant2\%$ 时，无居民海岛生态状况基本稳定。

三、无居民海岛资源环境承载力监测要求

无居民海岛由于空间范围较小，监测精度要求比较高，一般需要采用高空间分辨率（空间分辨率优于5 m）卫星遥感影像或无人机遥感影像监测。无居民海岛海岸线遥感监测，一般将无居民海岛海岸线划分为自然海岸线和人工海岸线两类，人工海岸线包括港口海岸线、工业与城镇海岸线、防护堤坝海岸线、围塘堤坝海岸线，具体监测方法见本章第一节海岸线开发承载力评价方法。无居民海岛开发用岛规模监测，根据本节无居民海岛开

发用岛规模指数计算方法，将无居民海岛岛陆区域划分为基础设施与公共服务用地、住宅建设用地、耕地与坑塘养殖用地、园林及林业用地4种类型，采用传统土地利用遥感监测方法监测无居民海岛开发用岛现状。

无居民海岛生态状况评价采用卫星遥感影像监测无居民海岛自然植被覆盖面积。基准年遥感监测的遥感影像空间分辨率应与现状年遥感监测的遥感影像空间分辨率一致。

无居民海岛海岸线、岛陆用岛、自然植被监测结果需要至少15%的地面验证点，验证遥感监测结果的可靠性。

四、无居民海岛资源环境承载力阈值分析

无居民海岛通常在海洋中所占的面积较小，开发利用与保护的不确定性较大。需要根据无居民海岛的地理位置、生态环境特点、保护及开发的价值及成本等因素确定超载阈值。如无人岛是重要的自然保护区，开发活动造成海岛生态环境的严重破坏和保护价值严重受损，那么可认为是超载；如一般的海岛，则需要重点评估和权衡开发活动带来的经济收益与景观及生态环境破坏的长期影响。

第四章 海洋资源环境承载能力专项评价方法

第一节 重点开发用海区开发承载力专项评价方法

重点开发用海区指目前重点开发建设使用海域的区域，包括大中型港口聚集区、临海工业用海集聚区、滨海城镇用海集聚区、滨海旅游用海集聚区等。重点开发用海区承载力评价主要评价当前集中开发建设的重点开发用海区承载力状况。

一、重点开发用海区开发强度承载力评价方法

重点开发用海区开发承载力评价采用重点开发用海区海域实际开发强度与功能区允许的最大开发强度比值，即海域开发强度指数表征。海域开发强度指数为某一重点开发用海区内实际海域开发强度和该功能区允许最大开发因子与功能区面积乘积的比值，计算公式如下：

$$Q = \frac{\sum_{i=1}^{n} s_i \times l_i}{S_0 h} \qquad (4-1)$$

式中，Q 为海域开发强度指数；s_i 为第 i 种用海方式的用海面积；l_i 为第 i 种用海方式的资源耗用指数（表4-1）；n 为功能区范围内海域使用方式数量；S_0 为该海洋基本功能区总面积（hm^2）；h 为该海洋基本功能区的允许开发因子（表4-2）。

表4-1 各类海域使用方式的资源耗用系数

海域使用一级方式	海域使用二级方式	l_i
填海造地	建设填海造地	1.00
	农业填海造地	1.00
	废弃物处置填海造地	1.00
构筑物	非透水构筑物	1.00
	跨海桥梁等	0.30
	透水构筑物	0.40
围海	港池、蓄水池等	0.20
	盐业	0.80
	围海养殖	0.80

续表

海域使用一级方式	海域使用二级方式	l_i
开放式	开放式养殖	0.10
	海水浴场	0.10
	游乐场	0.10
	专用航道、锚地及其他开放式用海	0.10
其他用海方式	人工岛式油气开采	1.00
	平台式油气开采	0.40
	海底电缆管道	0.10
	海砂等矿产开采	0.30
	取、排水口	0.10
	污水达标排放	0.30
	倾倒	0.30

表 4-2   各海洋基本功能区及允许开发利用因子

海洋功能区类型	海洋功能区允许的海洋开发程度	允许开发因子
农渔业区	允许有限改变海域自然属性，并符合海洋主体功能区规划的管控要求	$h_i = 0.60$
港口航运区	允许适度改变海域自然属性，并符合海洋主体功能区规划的管控要求	$h_i = 0.70$
工业与城镇建设区	允许填海造地等完全改变海域自然属性的用海活动，但比例不能超过60%，并符合海洋主体功能区规划的管控要求	$h_i = 0.60$
矿产与能源区	允许有限改变海域自然属性，并符合海洋主体功能区规划的管控要求	$h_i = 0.60$
旅游娱乐区	允许有限改变海域自然属性，并符合海洋主体功能区规划的管控要求	$h_i = 0.60$

通常，当 $Q \geqslant 0.60$ 时，海域开发强度较大；当 $0.40 \leqslant Q < 0.60$，海域开发强度中等；当 $Q < 0.40$ 海域开发强度较小。

二、重点开发用海区围填海造地闲置率评价方法

针对重点开发用海区多以围填海造地为开发利用方式的具体情况，为揭示重点开发用海区围填海造地开发利用状况，采用围填海区域闲置率表征围填海造地区域的开发利用情况。

根据围填海形成陆域开发利用特征，将围填海形成陆域开发利用情况划分为已开发利用区域和未开发利用区域，已开发利用区域包括在围填海造地区域开发建设的城镇区、工业区、港口区、旅游区、道路、绿地、湿地与水系等开发利用区域，未开发利用区域包括已围填成陆尚未开发建设的填而未建区域和低密度建设区域，其中低密度建设区域中应剔

除已开发建设的区域面积。

采用高空间分辨率（空间分辨率优于 5.0 m）遥感影像提取围填海造地区域的已开发建设区域空间斑块和未开发建设区域的空间斑块，按照如下方法计算围填海闲置率：

$$CX = \frac{\sum\limits_{i=1}^{n} a_i}{CA} \qquad (4-2)$$

式中，CX 为围填海闲置率；CA 为围填海造地区域总面积；a_i 为围填海造地区域内第 i 个未开发利用斑块的面积；n 为围填海造地区域内未开发利用斑块总数量。

通常，当 $CX \geq 0.50$ 时，围填海造地区域开发利用比例低，围填海闲置面积比例较大；当 $0.30 \leq CX < 0.50$，围填海闲置面积比例中等；当 $CX < 0.30$ 围填海闲置面积比例较小。

三、重点开发用海区开发承载力阈值分析

海洋空间资源的开发，本质上是通过投入人力物力，开展一系列的建设及配套工程，挖掘海域空间资源支撑社会经济发展的潜在能力，促进区域的可持续发展。在海洋空间资源承载能力的评估中，需结合当前所处的历史阶段和未来发展情景，协调发展与保护的关系，重点分析生态效应和经济效应，确定合理开发强度阈值，并为编制及修订海洋功能区划、主体功能区规划及区域发展规划提供基础依据。

开发强度本身并不能作为是否超载的确定依据，即使某一区域的海岸线和海域空间100%开发，也未必不合理，特别是在小尺度的重点开发区域内，接近100%开发也可能是合理的。海域空间开发强度过大导致的超载（空间开发不合理）情况，主要有两种：一是围填海造成了海洋生态系统的衰退，例如海湾大规模围填海导致纳潮量大大减少，水交换能力减弱，污染物自净能力显著下降，泥沙严重淤积，直接影响了本区域港口、养殖及休闲旅游业的发展；二是短期内盲目大量填海，超过区域发展需求，造成新增土地资源长期闲置和债务风险增加，影响了区域经济发展活力。

第二节　海洋渔业资源承载力专项评价方法

海洋渔业资源是海洋为人类提供的主要资源之一。近年来，随着人民群众生活水平的提高和生产力水平的提高，市场对海洋渔业产品的需求不断增多，在经济利益的驱动下，渔民对海洋渔业资源不断进行掠夺式开发，导致我国近海渔业资源多处于严重衰退状态。海洋渔业资源承载力评价是了解海洋渔业资源开发利用现状与潜力的基础工作。本节引用非平衡产量模型计算海洋渔业资源最大持续产量，在此基础上根据统计学方法构建海洋渔业资源承载力评价模型，希望为海洋渔业资源承载力评价提供技术方法。

一、非平衡产量计算模型

Walter & Hilborn 模型是 Schaefer 渔业模型差分化的结果，模型公式如下：

$$B_{t+1} = B_t + rB_t(1 - \frac{B_t}{k}) - C_t \tag{4-3}$$

式中：B_t 为 t 时的生物量；r 为自然增产率；K 为最大生物容量；C_t 为 t 时的渔获量。

C_t 被定义为：

$$C_t = q \cdot B_t \cdot f_t \tag{4-4}$$

式中，q 为捕获系数；f_t 为 t 时的捕获努力量。

总渔获量用捕捞努力量来除，所得的平均值为单位捕捞努力量渔获量，用符号表示为 CPUE（catch per unit effort）。用单位捕捞努力量渔获量作为衡量渔业生产经济效果的指标时，可将投入的捕捞努力量与渔获量换算为货币单位，然后进行计算即可得到所需的数据。

应用计算单位努力量的捕获量的公式：

$$U_t = \frac{c_t}{f_t} \tag{4-5}$$

式中：U_t 是单位努力量的捕获量；C_t 为 t 时的渔获量；f_t 为 t 时的捕获努力量。

根据公式（4-4）和公式（4-5）得出关系式：

$$B_t = \frac{U_t}{q} \tag{4-6}$$

把 B_t 用 U_t 来代替，可得：

$$\frac{U_{t+1}}{q} = \frac{U_t}{q} + \frac{rU_t}{q\left[1 - \frac{U_t}{Kq}\right]} - U_t f_t \tag{4-7}$$

经过重新排列，可得：

$$\frac{U_{t+1}}{U_t} - 1 = r - \frac{rU_t}{Kq} - qf_t \tag{4-8}$$

此方程可以转化成标准的多元线性回归方程：

$$Y = b_0 + b_1X_1 + b_2X_2 \tag{4-9}$$

式中：Y 为因变量 $\frac{U_{t+1}}{U_t}$；X_1 和 X_2 分别为自变量 U_t 和 f_t；b_0、b_1 和 b_2 分别为回归参数 r、$-\frac{r}{Kq}$ 和 $-q$。

通过多元线性回归分析，可计算出 r、q、K。其中，r 为渔业资源自然增长率；K 为最大渔业资源容量；q 为捕获系数。最大持续产量概念来源于生态学，指的是如何将全部资源的一部分合理地加以收获，而新成长的资源数量足以弥补所收获的数量，从而使资源不受破坏。

逻辑斯谛方程就是种群有限增长数学模型，这个模型有两点重要假设：

（1）有一个环境容纳（Carrying capacity）（通常用 K 来表示）。当 $N_m = K$ 时，种群为零增长，即 $\dfrac{dN}{dt} = 0$。

（2）假设某个空间能容纳 K 个个体，每一个体利用了 $1/K$ 的空间，N 个个体利用了 N/K 的空间，而可供种群持续增长的剩余空间就是有（$1-N/K$）了，从而种群增长率 r 随密度增加而降低。

以种群大小对时间作曲线，将得到"S"形曲线。产生"S"形曲线最简单的数学模型即指数增长方程乘以一个密度制约因子（$1-N/K$），这就得到生态学上著名的逻辑斯谛方程（Logistic equation）：

$$\frac{dN}{dt} = rN\left(1 - \frac{N}{K}\right) \tag{4-10}$$

根据逻辑斯谛方程，在"S"形曲线的拐点，即 $N = K/2$ 处，种群增长率已 dN/dt 最大，将 $N = K/2$ 代人逻辑斯谛方程得因此估计最大持续产量（Maximum Sustainable Yield，MSY）的公式为 $MSY = \dfrac{rK}{4}$。由上式可知，只要知道某一种群的环境容纳量 K 和瞬时增长率 r 两个参数，就能求出理论上的最大持续产量和保持该产量的种群水平 N。

上述公式的基本思路是：通过单位努力量的捕获量年增长率（$\dfrac{U_{t+1}}{U_t} - 1$）和各年用渔船总功率表征的捕捞努力量（f_t）、单位努力量的捕获量（U_t）之间的相关关系，模拟出渔业资源自然增长率（r）、最大渔业资源容量（K）和捕获系数（q）。就可以确定渔业资源可持续利用的重要控制指标—最大持续产量（MSY）。

二、渔业资源承载力评价方法

杨洋等 2016 年统计了浙江省的历年捕捞产品总量，以浙江省海洋生物最大可持续捕捞量的 0.75 倍为基数值，采用海洋捕捞产品总量占其海洋生物最大可持续捕捞量的比例表征浙江省海洋渔业资源承载力（B），计算公式如下：

$$B = \frac{c_1}{c_2} \tag{4-11}$$

式中，c_1 为海产品年度捕捞总量；c_2 为海洋渔业最大可持续捕捞量的 0.75 倍（$c_2 = 0.75MSY = 2\ 316\ 140$ t）。

根据海洋渔业承载力 B 的评估结果，按照合理控制近海捕捞强度基本稳定的原则，依据表 4-3 进行分级评估。

表 4-3 海洋渔业资源承载力分级评估方法

分级阈值	承载状态
$0.90 < B < 1.10$	可载
$1.20 > B \geq 1.10$ 或 $0.80 < B \leq 0.90$	临界超载
$B \geq 1.20$ 或 $B \leq 0.80$	超载

三、海洋渔业资源保障区承载力专项评价方法

海洋渔业资源保障区是保障海洋渔业资源持续利用的基本区域，包括传统渔场、海水养殖区、水产资源种质保护区等海域。渔业资源保障区承载力评价主要评价渔业资源保障区的渔业资源开发利用与保护状况，采用渔业资源密度指数表征。渔业资源密度指数为传统渔场主要捕捞对象或水产种质资源保护区保护对象资源量近 5 年与近 10 年平均值的变化率。计算方法如下：

$$\Delta R_F = 1 - \frac{\overline{R_{F_5}}}{\overline{R_{F_{10}}}} \qquad (4-12)$$

式中，ΔR_F 为渔业资源密度指数；$\overline{R_{F_5}}$ 为近 5 年区域主捕对象或水产种质资源保护区保护对象的资源量平均值；$\overline{R_{F_{10}}}$ 为近 10 年区域主捕对象或水产种质资源保护区保护对象的资源量平均值。

渔业资源密度指数划分为 I 级、II 级和 III 级，当渔业资源密度指数小于 5% 时，为 I 级，表明海洋渔业保障区功能趋于稳定；当渔业资源密度指数不小于 5% 而小于 10% 时，为 II 级，表明海洋渔业保障区功能受损；当渔业资源密度指数不小于 10% 时，为 III 级，表明海洋渔业保障区功能严重受损。

四、海洋渔业资源承载力阈值分析

渔业资源属于可再生资源，一般认为超过最大持续产量则为超载。我国沿海地区的捕捞能力严重过剩，传统渔场普遍出现严重的资源衰退，部分优质经济鱼类业已枯竭[90]。在渔业资源已经衰退的大背景下，最大持续产量并不适合作为当前用于管理的超载阈值，低于最大持续产量的捕捞压力仍有可能加剧渔业资源的衰退，只有当捕捞强度未从趋势上影响资源恢复（只是导致恢复时间延长），才可认为捕捞强度未超载。最大持续产量只适应于资源尚未衰退的情况。如果不分具体情况，盲目采用最大持续产量作为超载阈值并应用于管理实践，就会导致渔业资源持续衰退，并最终积重难返。

为了明确渔业捕捞强度管理目标，需要综合分析渔业资源的变化机制和影响因素，包括捕捞压力、环境污染、气候变化以及"三场一通道"的破坏等，结合调查数据和模型

推演得出更为科学可靠的超载阈值。此外，鉴于养殖渔业已成为海洋渔业资源的重要组成部分，渔业资源承载能力评估还应考虑养殖渔业资源，明确养殖资源承载能力评估及阈值确定方法，重点分析养殖环境容量、污染胁迫、科学技术对养殖渔业资源环境承载能力的影响调控机制[52]。

第三节　海洋生态承载力专项评价方法

海洋生态环境承载力是指在满足一定生活水平和环境质量的要求下，在不超出海洋生态系统弹性限度条件下，海洋资源、环境子系统的最大供给与纳污能力，以及对沿海社会经济发展规模及相应人口数量的最大支撑能力。本节主要针对重要海洋生态功能区阐述海洋生态承载力专项评价方法。这里的重要海洋生态功能区指重要海洋生态功能的海域，包括珊瑚礁分布区、红树林分布区、海草床分布区、海洋自然保护区、海洋生态脆弱区等。结合我国各地海洋生态环境的实际状况，采用理论分析、经验选择和专家咨询相结合的方法，着重考虑海洋重要功能区对维护海洋生物多样性、保护典型海洋生态系统具有重要作用的指标。

重要海洋生态功能区主要评价以上海洋重要生态功能区对维护海洋生物多样性、保护典型海洋生态系统重要作用落实情况，采用生态系统变化指数表征。生态系统变化指数（E_e）计算公式如下：

$$E_e = \max(E_t,\ E_v,\ E_h) \tag{4-13}$$

滩涂面积变化率（E_t）、典型生境植被覆盖度变化率（E_v）、海洋生态保护对象变化率（E_h）中，任意一项评价结果为显著退化的划分为Ⅲ级，任意一项评价结果为退化的划分为Ⅱ级，其余的划分为Ⅰ级。

一、滩涂面积变化评价方法

潮间带滩涂是重要的海洋生物和海陆两栖生物生境，潮间带滩涂完整性是保护海洋生态系统，维持海洋生物多样性的基本前提。潮间带滩涂开发占用是影响海洋生态环境承载力的主要因素，为表征重要海洋生态功能区内开发利用对海洋生态环境承载力的影响，采用滩涂面积变化率（T_i）来描述潮间带滩涂面积变化，计算公式如下：

$$T_i = \frac{S_i}{S_{1990}} \tag{4-14}$$

式中，T_i 为某一区域第 i 年的滩涂面积变化率；S_i 为该区域第 i 年的滩涂面积；S_{1990} 为该区域 1990 年的滩涂面积。这里的滩涂面积为平均大潮高潮线至平均小潮低潮线之间的区域面积。

通常，当 $T_i \geqslant 0.80$ 时，滩涂面积基本稳定；当 $0.60 \leqslant T_i < 0.80$ 时，滩涂面积萎缩；当 $T_i < 0.60$ 时，滩涂面积为显著萎缩。

二、典型生境植被覆盖度变化评价方法

植被覆盖度（Fractional Vegetation Cover，FVC）一般定义为观测区域内植被垂直投影面积占地表面积的百分比，是指示滩涂生态环境变化的重要指标之一。遥感监测是获取区域植被覆盖度的重要手段，越来越多的研究机构和人员开始借用遥感技术进行有关地面特征等方面的研究。

采用基于遥感的像元二分模型法来评估滩涂的典型生境植被（红树、柽柳、芦苇、碱蓬等）覆盖度的变化趋势[123]。像元二分模型估算植被覆盖度时多采用归一化植被指数（Normailzed Different Vegetation Index，NDVI）数据计算，计算公式如下：

$$FVC = \frac{NDVI - NDVI_{soil}}{NDVI_{veg} - NDVI_{soil}} \times 100\% \qquad (4-15)$$

式中，FVC 为植被覆盖度；$NDVI$ 为影像中各像元的 $NDVI$ 值；$NDVI_{soil}$ 为全裸土或无植被覆盖区域 $NDVI$ 值；$NDVI_{veg}$ 为纯植被覆盖像元的 $NDVI$ 值。FVC 的值介于 [0，1] 之间。从中可以看出，$NDVI_{soil}$ 和 $NDVI_{veg}$ 的确定是关键，将直接影响到植被覆盖度估算结果。

根据不同海域典型生境特点，利用植被覆盖变化率，表征评价区域的海洋资源生态承载能力的状态趋势。计算公式如下：

$$E_v = 1 - \frac{FVC_P}{FVC_O} \qquad (4-16)$$

式中，E_v 为植被覆盖变化率；FVC_P 为评价现状年植被覆盖度；FVC_O 为评价现状年十年前植被覆盖度平均值。

通常，当 $E_v > 20\%$ 时，典型生境生态质量状况显著退化；当 $10\% \leqslant E_v \leqslant 20\%$ 时，典型生境生态质量状况退化；$E_v < 10\%$ 时，典型生境生态质量状况基本稳定，其中，当 $E_v < 0\%$ 时，典型生境生态质量状况改善。

三、海洋生态保护对象变化评价方法

采用海洋保护区监测数据，借鉴《近岸海洋生态健康评价指南》（HY/T 087—2005）相关评价方法，对典型生境、珍稀濒危生物、特殊自然景观等重点保护对象进行评价。其中，对珊瑚礁分布区，计算评价年度活珊瑚盖度与评价年度 10 年前的变化率；对海草床分布区，计算评价年度海草床盖度与评价年度 10 年前的变化率；对于其他珍惜濒危海洋生物物种，计算评价年度保护物种种群规模与评价年度 10 年前的变化率。

通常，当保护对象变化率 $E_h > 10\%$ 时，保护对象显著退化；当 $5\% \leqslant E_h \leqslant 10\%$ 时，保护对象呈退化趋势；当 $E_h < 5\%$ 时，保护对象基本稳定。

四、滩涂湿地遥感监测方法

滩涂湿地遥感监测需要收集覆盖监测评价区域的高分辨率卫星遥感影像，当前主要高

分辨率卫星遥感影像包括美国陆地资源卫星系列（Landsat）、中巴地球资源卫星（CBERS）、环境减灾卫星1A/1B（HJ-1A/1B）、国产高分一号卫星（GF）等遥感影像数据源，所选影像最大程度地集中在当年的4—9月间，尽量避免季节对植被生长的影响，影像质量要求云覆盖率不超过10%。

采用辐射定标、大气校正、几何精校正、图像融合等图像处理手段对图像进行预处理。辐射定标就是将图像的值转为辐亮度或反射率，大气校正就是消除或减少大气对图像的干扰。利用ENVI自带的FLAASH模块进行大气校正即可得到反射率图像。几何精校正，采用Image to Image的模式，校正误差在一个像素以内。影像融合采用Pansharping的融合方式，将4个多光谱波段与全色波段进行融合，融合后的图像空间分辨率增高，地物界限清晰，提高了图像的目视效果，且光谱信息接近实际。

（一）滩涂面积提取

提取1∶50 000比例尺地形图中的0 m等深线，作为滩涂外边界。采用人-机交互，即人工目视判读与计算机自动分类相结合的方法，先建立岸线提取的解译标志，再对于平均高潮线附近地物类型复杂而难以直接判别海岸线的地区，通过计算机监督分类或非监督分类进行自动地物分类来辅助海岸线提取。将现状监测的海岸线作为滩涂内边界线，二者海域堪界线闭合形成滩涂区域。

（二）典型生境范围提取

采用决策树分类法提取各评价单元内的典型生境植被的分布范围。决策树分类法由一系列二叉决策树构成，依据某些特定规则把遥感数据集逐级往下细分以定义决策树的各个分支，即将像元归属到相应的类别，每个决策树依据一个表达式将图像中的像元分为两类，可用树形结图形（图4-1）来表示。它具有结构简单直观、容易理解以及计算效率高的特点。

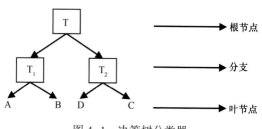

图4-1　决策树分类器

先将已提滩涂面设为感兴趣区（ROI），应用EVNI软件中的MASK程序，掩模掉多余陆地信息，然后计算影像的归一化水体指数（Normailized Different Water Index，NDWI），对影像进行水体校正，将掩模后影像中的水去除掉，简化影像中的地物信息，再计算影像的NDVI，建立决策树分支（NDVI>0）来提取影像中的典型生境植被信息。

（三）典型生境植被覆盖度遥感反演

采用像元二分模型来进行典型生境植被覆盖度反演，计算提取后的植被影像数据的NDVI值，代入式（4-15），其中式（4-15）中的全裸土覆盖区域$NDVI_{soil}$和纯植被覆盖像元的$NDVI_{veg}$由下式获得：

$$NDVI_{soil} = \frac{FVC_{max} \times NDVI_{min} - FVC_{min} \times NDVI_{max}}{FVC_{max} - FVC_{min}} \qquad (4-17)$$

$$NDVI_{veg} = \frac{(1 - FVC_{min}) \times NDVI_{max} - (1 - FVC_{max}) \times NDVI_{min}}{FVC_{max} - FVC_{min}} \qquad (4-18)$$

利用这个模型计算植被覆盖度的关键是计算$NDVI_{soil}$和$NDVI_{veg}$。在此我们假设，假设区域内可以近似取$FVC_{max} = 100\%$，$FVC_{min} = 0\%$。代入公式（4-17），（4-18）后。公式（4-15）就变为：

$$FVC = \frac{NDVI - NDVI_{min}}{NDVI_{max} - NDVI_{min}} \times 100\% \qquad (4-19)$$

$NDVI_{max}$和$NDVI_{min}$分别为区域内最大和最小的$NDVI$值。由于不可避免存在噪声，$NDVI_{max}$和$NDVI_{min}$一般取一定置信度范围内的最大值与最小值，置信度的取值主要根据图像实际情况来定。

利用植被分布区域的矢量数据生成ROI，建立一个掩膜文件，选择Basic Tools->Statistics->Compute Statistics，得到研究区的统计结果。在统计结果中，最后一列表示对应$NDVI$值的累积概率分布。分别取累积概率为5%和90%的$NDVI$值作为$NDVI_{min}$和$NDVI_{max}$。将结果代入式（4-17），利用$ENVI$主菜单->Basic Tools->Band Math进行计算，得到两期影像的植被覆盖度文件。

第五章 海洋资源环境承载能力过程评价方法

第一节 海洋资源环境承载能力过程评价总体方法

海洋资源环境承载能力过程评价主要通过对比分析海洋资源环境承载能力在不同方面随时间的变化过程，评判海洋资源环境承载能力总体变化趋势，其主要目的是描述海洋开发利用的资源效率和环境压力变化过程，采用海洋资源环境耗损指数表征海洋资源环境承载能力状态趋势[160]。海洋资源环境耗损指数是指海洋开发利用过程中的海洋资源利用效率、入海污染排放强度以及海洋生态质量等变化过程特征的集合，是反映海洋资源环境承载状态变化及可持续性的重要指标。海洋资源环境耗损指数由海域或海岛开发强度变化（海域开发效率变化，或无居民海岛开发强度变化）、环境污染程度变化（优良水质比例变化）和生态灾害风险变化（赤潮灾害频次变化）三类指标构成（表5-1）。

表5-1 海洋资源环境耗损指数测度指标集

概念层	类别层	指标层	数据层
海洋资源环境耗损指数	海域/海岛开发效率变化	海域开发效率变化；无居民海岛开发强度相对变化率	10年变化趋势
	环境污染程度变化	优良水质比例变化	10年变化趋势
	生态灾害风险变化	赤潮灾害频次变化	10年变化趋势

由于过程评价本身是一个基于时间序列的分析，需要长时间序列的数据作为支撑，通过逐年的数据趋势对比来对发展趋势进行判定。而长时间序列的数据对于全国范围内数量众多的评价单元而言，每多一个年份的数据，就意味着获取难度大大增加。故而需要寻找一个简化但是又不会有较大的趋势判断失误的方法。对比有关地区的长时间序列数据趋势可以发现，由于评价单元10年变化方向有趋同的特性，变化趋势相对"统一"，也就是说各评价单元之间只有10年间平均速率的差别，但极少有总体趋势的差异。采用10年年均变化率的数据指标，与长时间序列的变化率趋势判断基本相似。基于此，为减少操作的复杂度，使得本评测可以在全国铺开，对资源环境耗损指数测度指标中采用10年年均变化率来表征。

根据海域/海岛资源利用效率变化、海水环境污染程度变化、海洋生态灾害风险变化3个类别指标的匹配关系，可以得到不同类型的资源环境耗损指数（表5-2）。由于海洋资源环境承载能力对可持续发展最直接、显著的作用是"短板效应"，即制约区域发展的某个关键要素可能直接决定了整体承载能力的强弱，因此在综合分类时，首先依据"短板效应"理念，采用"一票否决"的原则进行分类，即当 3 个类别的指标变化中其中一类出现趋差的态势，则综合分类即为加剧型。但在实际操作中发现，如果采取严格的"一票否决"分类法，则几乎所有评价单元均属于加剧型的类别。故而在兼顾实际操作的情况下，将 3 个类别的综合匹配分类标准定为"三类指数变化中有至少两项均趋向差的方向"为加剧型评价单元。

表 5-2　海洋资源环境耗损指数类型判定

指数名称	过程变化类型	指标状态
海洋资源环境耗损指数	过程加剧	海域/海岛资源利用效率降低、优良水质面积缩小、海洋生态灾害风险增大
	过程加剧	海域/海岛资源利用效率降低、优良水质面积缩小、海洋生态灾害风险减小
	过程加剧	海域/海岛资源利用效率降低、优良水质面积扩大、海洋生态灾害风险增大
	过程加剧	海域/海岛资源利用效率提高、优良水质面积缩小、海洋生态灾害风险增大
	过程趋缓	海域/海岛资源利用效率提高、优良水质面积扩大、海洋生态灾害风险减小
	过程趋缓	海域/海岛资源利用效率提高、优良水质面积扩大、海洋生态灾害风险增大
	过程趋缓	海域/海岛资源利用效率提高、优良水质面积缩小、海洋生态灾害风险减小
	过程趋缓	海域/海岛资源利用效率降低、优良水质面积扩大、海洋生态灾害风险减小

第二节　海洋海域/海岛开发效率变化评价方法

海域/海岛开发效率变化主要评价海域、海岛开发规模与经济效益之间比例的变化，包括海域开发效率变化率（L）和无居民海岛开发强度变化率（I_A）两个指标。当海域开发效率变化率或无居民海岛开发强度变化率有一项或一项以上变化趋高，则海域/海岛开发效率变化趋差；否则，海域/海岛开发效率变化不大或趋良。

一、海域开发效率变化

采用当前的海域开发强度指数与当地 GDP 的比值与 10 年前的海域开发强度指数与当地 GDP 的比值计算，具体计算公式如下：

$$L = \sqrt[10]{\frac{(\frac{P_{E(t+10)}}{GDP_{(t+10)}})}{(\frac{P_{E(t)}}{GDP_{(t)}})}} - 1 L = \frac{(\frac{P_{E(t+10)}}{GDP_{(t+10)}})}{(\frac{P_{E(t)}}{GDP_{(t)}})} \qquad (5-1)$$

式中，L 为海域开发效率变化率；$P_{E(t)}$、$P_{E(t+10)}$ 分别为当前海域开发强度指数和 10 年前海域开发强度指数（具体见第三章第二节）；$GDP_{(t)}$、$GDP_{(t+10)}$ 分别为当前区域 GDP 和 10 年前区域 GDP。

通常，当 $L>10\%$，则海域开发效率变化趋差；$L\leqslant10\%$，则海域开发效率变化不大或趋良。

二、无居民海岛开发强度相对变化

用 10 年来无居民海岛开发强度的增长率与所在省级行政区建设用地面积（C）增长率和海域开发资源强度指数（P_E）增长率对比分析，得出无居民海岛开发强度变化率（I_A），具体计算方法如下：

$$I_{A1} = \frac{1}{2}\left[\sqrt[10]{\frac{(\frac{I_{11(t+10)}}{I_{11(t)}})}{(\frac{C_{(t+10)}}{C_{(t)}})}} + \sqrt[10]{\frac{(\frac{I_{11(t+10)}}{I_{11(t)}})}{\frac{P_{E(t+10)}}{P_{E(t)}}}}\right] - 1 \tag{5-2}$$

$$I_{A2} = \frac{1}{2}\left[\sqrt[10]{\frac{(\frac{I_{12(t+10)}}{I_{12(t)}})}{(\frac{C_{(t+10)}}{C_{(t)}})}} + \sqrt[10]{\frac{(\frac{I_{12(t+10)}}{I_{12(t)}})}{\frac{P_{E(t+10)}}{P_{E(t)}}}}\right] - 1 \tag{5-3}$$

$$I_A = \max(I_{A1}, I_{A2}) \tag{5-4}$$

式中，I_A 为无居民海岛开发强度变化率；I_{A1} 为无居民海岛海岸线强度变化率；I_{A1} 为无居民海岛用岛规模变化率；$I_{11(t)}$、$I_{11(t+10)}$ 分别表示当前和 10 年前无居民海岛人工海岸线（具体见第三章第五节）；$I_{12(t)}$、$I_{12(t+10)}$ 分别表示当前和 10 年前无居民海岛开发用岛规模指数（具体见第三章第五节）；$C_{(t)}$、$C_{(t+10)}$ 分别表示当前和 10 年前省级行政区建设用地面积增长率；$P_{(t)}$、$P_{(t+10)}$ 分别表示当前和 10 年前海域开发强度指数（具体见第三章第五节）。

通常，当 $I_A>10\%$，则无居民海岛开发强度相对变化趋高；$I_A\leqslant10\%$，则无居民海岛开发强度相对变化不大或趋低。

第三节　海洋优良水质面积比例变化评价方法

海洋优良水质指符合一类海水水质标准和符合二类海水水质标准的海域水体。我国海水水质标准（GB 3097—1997）根据海域的使用功能和保护目标，将海水水质分为四类，分别是一类水质、二类水质、三类水质和四类水质，对于海水污染物浓度超过四类海水水质标准的海域统称为劣四类水质。各类海水水质类别的主要污染物浓度要求见表 5-3。

表 5-3 海水水质类型主要污染物浓度要求

序号	污染物类型	一类水质	二类水质	三类水质	四类水质
1	漂浮物质	海面不得出现油膜、浮沫和其他漂浮物质	海面不得出现油膜、浮沫和其他漂浮物质	海面不得出现油膜、浮沫和其他漂浮物质	海面无明显油膜、浮沫和其他漂浮物质
2	色、臭、味	海水不得有异色、异臭、异味	海水不得有异色、异臭、异味	海水不得有异色、异臭、异味	海水不得有令人厌恶和感到不快的色、臭、味
3	悬浮物质	人为增加的量≤10	人为增加的量≤10	人为增加的量≤100	人为增加的量≤150
4	大肠菌群≤（个/L）	10 000 供人生食的贝类增养殖水质≤700	10 000 供人生食的贝类增养殖水质≤700	10 000 供人生食的贝类增养殖水质≤700	—
5	粪大肠菌群≤（个/L）	2 000 供人生食的贝类增养殖水质≤140	2 000 供人生食的贝类增养殖水质≤140	2 000 供人生食的贝类增养殖水质≤140	—
6	病原体	供人生食的贝类养殖水质不得含有病原体	供人生食的贝类养殖水质不得含有病原体	供人生食的贝类养殖水质不得含有病原体	供人生食的贝类养殖水质不得含有病原体
7	水温	人为造成的海水温升夏季不超过当时当地1℃，其他季节不超过2℃	人为造成的海水温升夏季不超过当时当地1℃，其他季节不超过2℃	人为造成的海水温升不超过当时当地4℃	人为造成的海水温升不超过当时当地4℃
8	pH	7.8~8.5 同时不超出该海域正常变动范围的 0.2 pH 单位	7.8~8.5 同时不超出该海域正常变动范围的 0.2 pH 单位	6.8~8.8 同时不超出该海域正常变动范围的 0.5 pH 单位	6.8~8.8 同时不超出该海域正常变动范围的 0.5 pH 单位
9	溶解氧＞	6	5	4	3
10	化学需氧量≤（COD）	2	3	4	5
11	生化需氧量≤（BOD_5）	1	3	4	5
12	无机氮≤（以 N 计）	0.20	0.30	0.40	0.50
13	非离子氨≤（以 N 计）	0.020	0.020	0.020	0.020
14	活性磷酸盐≤（以 P 计）	0.015	0.030	0.030	0.045
15	汞≤（mg/L）	0.000 05	0.000 2	0.000 2	0.000 5
16	镉≤（mg/L）	0.001	0.005	0.010	0.010
17	铅≤（mg/L）	0.001	0.005	0.010	0.050
18	砷≤（mg/L）	0.020	0.030	0.050	0.050

序号	污染物类型	一类水质	二类水质	三类水质	四类水质
19	铜 ≤ （mg/L）	0.005	0.010	0.050	0.050
20	锌 ≤ （mg/L）	0.020	0.050	0.10	0.50
21	石油类 ≤ （mg/L）	0.05	0.05	0.30	0.50
22	挥发性酚 ≤ （mg/L）	0.005	0.005	0.010	0.050
23	六六六 ≤ （mg/L）	0.001	0.002	0.003	0.005
24	滴滴涕 ≤ （mg/L）	0.000 05	0.000 1	0.000 1	0.000 1

优良水质面积是符合一类海水水质分布海域面积和符合二类海水水质分布面积的总和，优良水质面积比例为优良水质面积占海域总面积的比例[50]。通过优良水质面积比例变化过程可以反映海水水环境污染程度变化过程，是揭示海洋水体环境状况变化过程的趋势性评价方法。

一、优良水质面积比例计算方法

优良水质面积比例变化主要评价优良水质（符合一、二类海水水质标准）分布面积与区域海域总面积的比例，计算公式如下：

$$B_r = \frac{S_1 + S_2}{S_x} \times 100\% \qquad (5-5)$$

式中，B_r 为优良水质比例；S_1 为符合第一类海水水质标准的海域面积；S_2 为符合第二类海水水质标准的海域面积；S_x 为评价单元海域总面积。

二、优良水质面积比例变化趋势分析方法

进一步根据近 10 年沿海县级行政区海域优良水质比例，采用 Mann-Kendall 检验法计算时间序列趋势统计量 S 值和统计检验数 Z 值，依据表 5-4 判断海域优良水质比例的年际变化趋势，判断海域环境污染程度的变化过程是趋差，还是变化不大或趋良。

表 5-4　海域优良水质比例变化趋势的 Mann-Kendall 检验法

检验结果		优良水质比例变化趋势	海域环境污染程度
$|Z| \leq 1.96$	$S>0$	上升趋势	趋良
	$S<0$	降低趋势	趋差
$|Z| \leq 1.96$		无显著变化趋势	变化不大

Mann-Kendall 检验法是一种非参数统计检验法，可以用于在样本总体不服从正态分布

或者分布情况不明时，用来检验数据资料是否来自同一个总体假设的一类检验方法，被认为是理论基础和应用效果的一种方法，已经广泛用于水文、气象、环境资料的趋势分析。在 Mann-Kendall 检验中，时间序列数据 $(X_1, X_2, \cdots, X_n)$，是 n 个独立的、随机变量同分布的样本。检验统计值 S 的计算见公式（5-6）：

$$S = \sum_{k=1}^{n-1} \sum_{j=k+1}^{n} \text{sign}(X_j - X_k) \quad (1 \leqslant k < j \leqslant n) \tag{5-6}$$

式中，sign（ ）为符号函数。当 $X_i - X_j$ 小于、等于或大于 0 时，sign $(X_i - X_j)$ 分别为 -1、0 或 1。当 n≥10 时，统计量 S 近似服从正态分布，S 的均值为 0，方差的计算见公式（5-7）：

$$Var(S) = \frac{1}{18}[n_i(n_i - 1)(2n_i + 5)] \tag{5-7}$$

当 n 个时间序列数据 $(X_1, X_2, \cdots, X_n)$ 中有 t 个数相同，则方差的计算式变为公式（5-8）：

$$Var(S) = \frac{1}{18}\Big[n(n_i - 1)(2n + 5) - \sum_t t(t - 1)(2t + 5)\Big] \tag{5-8}$$

统计量 Z 值计算见公式（5-9）：

$$Z = \begin{cases} \dfrac{S-1}{[Var(S)]^{1/2}} & \text{当 } S > 0 \\[2mm] 0 & \text{当 } S = 0 \\[2mm] \dfrac{S+1}{[Var(S)]^{1/2}} & \text{当 } S < 0 \end{cases} \tag{5-9}$$

在趋势检验中，对于给定的置信区间 a，若 $|Z| >= Z_{1-\alpha/2}$，即在置信水平 α 上，时间序列数据存在明显的上升或下降趋势。Z 为正值表示增加趋势，负值表示减少趋势。当 $|Z| > 1.96$ 时表示 α 在 0.05 水平上上升或下降趋势显著。

第四节　海洋生态灾害风险变化评价方法

海洋生态灾害包括赤潮灾害、绿潮灾害、金潮（褐藻）灾害是影响海洋生态系统的主要问题，也是海洋生态环境变化的主要标识。我国最早记载的赤潮灾害是 1933 年在浙江沿海海域，近年来辽宁、山东、福建、浙江等沿海赤潮、绿潮、金潮灾害时有发生，对海洋生态环境和海洋经济发展造成了严重影响。海洋生态灾害风险评价就是对海洋生态灾害发生风险分析预测与评价。本节从沿海城市赤潮灾害历史统计数据角度出发，构建了灾害风险评估指标体系，运用熵权法、层次分析法确定指标的权重，建立了灾害危险度指数、脆弱性指数评估模型，并利用自然灾害风险分级矩阵方法进行灾害风险分级。

一、基于 Mann-Kendall 检验法的海洋生态灾害风险变化分析方法

根据近 10 年沿海县级行政区海域生态灾害（赤潮、绿潮、水母旺发等）发生频次，采用 Mann-Kendall 检验法计算时间序列趋势统计量 S 值和统计检验数 Z 值，方法与海洋优良水质面积变化评价方法（见第五章第三节）相同。

二、基于指标权重的海洋生态灾害风险变化分析方法

（一）海洋生态灾害风险评价指标体系构建

海洋生态灾害风险评价指标体系的构建是海洋生态灾害风险评价的核心部分，关系到评价结果的可信度。评价指标遴选遵循科学性、系统性、可操作性、继承性、简单性原则，并充分考虑研究对象的特点、资料的详尽程度及可获得性。

海洋生态灾害风险评价指标遴选主要从致灾因子危险性、承灾体脆弱性两个方面建立海洋生态灾害风险评价指标体系。致灾因子危险性主要评价海洋生态灾害可能发生的强度，灾害发生的频率越多、发生的面积越大，危险度越高。因此，选取海洋生态灾害的发生次数和影响范围作为致灾因子危险度评价指标。承灾体脆弱性是评价致灾因子对承灾体的破坏程度，承灾体易损度越大，灾害造成的损失越大。海洋生态灾害对承灾体的影响可归结为人员损失、社会经济损失和生态环境损失，选取这 3 个方面为承灾体脆弱性评价指标。评价指标体系见表 5-5。

表 5-5   海洋生态灾害风险评价指标体系

目标层	准则层	因素层	指标层
海洋生态灾害风险	致灾因子危险性（H）	灾害因素害（H_1）	海洋生态灾害发生次数（H_{11}）
			海洋生态灾害影响范围（H_{12}）
		社会经济因素（H_2）	沿海城市人口密度（H_{21}）
			沿海城市旅游人数（H_{22}）
			经济密度（H_{23}）
	承灾体脆弱性（V）	用海活动因素（V_1）	港口数量（V_{11}）
			港航面积（V_{12}）
			渔业用海面积（V_{13}）
			娱乐用海面积（V_{14}）
		环境因素（V_2）	大陆海岸线长度（V_{21}）
			海洋保护区面积（V_{22}）

（二）评价指标标准化方法

由于海洋生态灾害风险评价指标体系各指标性质不同，量纲不同，未能直接对其进行

评价，需对不同量纲的指标进行标准化处理。标准化处理采用极化方法。

（1）极大化方法（正向指标）

$$X_{ij} = \frac{C_{ij}}{\max C_i}(i = 1，2，\cdots n；j = 1，2，\cdots m) \qquad (5-10)$$

（2）极小化方法（逆向指标）

$$X_{ij} = \frac{\min C_i}{C_{ij}}(i = 1，2，\cdots n；j = 1，2，\cdots m) \qquad (5-11)$$

式中，i 为指标；j 为样本；n 为指标总数；m 为样本数量；X_{ij} 为指标 i 的第 j 个样本标准化后的值，其大小为 0~1。

（三）指标权重计算方法

1. 熵权法

致灾因子危险性评估指标采用熵权法确定权重。在多指标综合评价中，熵权法可以客观地反映各评价指标的权重[58]。具体计算步骤为：

（1）指标体系数据分别按式（5-10）和式（5-11）进行标准化；

（2）计算标准化数据矩阵样本 j 第 i 个指标的比重 f_{ij}，即：

$$f_{ij} = \frac{X_{ij}}{\sum_{i=1}^{n} X_{ij}} \qquad (5-12)$$

$$f_{ij} = (1 + X_{ij}) / (\sum_{i=1}^{n}(1 + X_{ij})) \qquad (5-13)$$

（3）计算样本 j 中第 i 项指标的信息熵值 e_i，即：

$$e_i = -K \sum_{i=1}^{n} f_{ij}\ln f_{ij} \qquad (5-14)$$

注：$K = \dfrac{1}{\ln(n)}$，当 $f_{ij} = 0$ 时，令 $f_{ij}\ln f_{ij} = 0$

指标权重 ω_i 计算公式：

$$\omega_i = (1 - e_i) / \sum_{i=1}^{n}(1 - e_i) \qquad (5-15)$$

依据上述计算步骤，在 spss 环境下，利用 VB 宏语言编程技术，实现对指标权重的自动化计算。

2. 层次分析法

承灾体脆弱性指标体系权重采用层次分析法确定。层次分析法是将研究对象分解成不同的组成因素，按各个因素间的隶属关系，排列成从高到低的若干层次，并建立递阶层次结构。然后对同层的各个元素进行两两比较，对每一层的相对重要性予以定量表示，综合决策者的判断，利用数学方法确定每一层各项因素的权重值。其基本方法与步骤如下。

（1）据各因素之间的关系，建立灾害风险评估指标体系阶梯层次结构（表5-6）。

（2）构造两两比较判断矩阵。判断矩阵表示针对上一层次某因素而言，本层次中各因素之间的相对重要性，各元素的值反映人们对各因素相对重要性的认识，一般采用1~9及其倒数的标度方法。

（3）单一准则下元素相对权重的计算方法有幂乘法、几何平均法，和积法、特征根法等。特征根法计算精度较高，算法相对简单，应用较为普遍，采用特征根法计算。

（4）一致性检验。在解决实际问题时，由于客观事物的复杂性、现有资料的不完全性和认识能力的局限性，对事物的认识难免有主观片面性和模糊性。由此构造的判断矩阵会存在偏差而无法完全满足一致性的要求。为保证层次分析法得到的结论基本合理，必须将判断矩阵的偏差限制在一定范围内，需进行一致性检验。

（5）次总排序。计算同一层次所有因素对整个总目标相对重要性的排序权值，称层次总排序。它是用下一层次各个因素的权值和上一层次因素的组合权值，得到最下层因素相对于整个总目标的相对重要性。

（6）得出权重结论。由多个专家打分后，得到各自的层次总排序计算结果．将其综合，得到评价指标体系各指标的最终权重。采用C++编程技术生成层次分析法计算软件，用户根据提示，依次输入指标层数、目标层名称、指标层名称及各指标间的相对重要度，程序自动计算出各指标的权重。

（四）海洋生态灾害风险评价模型

1. 海洋生态灾害致灾因子危险度指数模型

灾害发生次数、影响范围2个指标的权重分别用D_1、D_2表示；按照式（5-10）对灾害发生次数、影响范围进行标准化，分别用H_1、H_2表示。建立灾害致灾因子危险度指数模型：

$$H = D_1H_1 + D_2H_2 \qquad (5-16)$$

危险度指数采用0~1平均分段法，分为4个范围区间，致灾因子危险度对应4个等级，4个分值（表5-6）。

表5-6　灾害致灾因子危险度等级

分类等级	危险度指数范围	危险度	分值
1级危险区	0.75~1.00	极高	1
2级危险区	0.50~0.75	高	2
3级危险区	0.25~0.50	中	3
4级危险区	0~0.25	低	4

2. 承载体脆弱度指数模型

利用层次分析法计算承灾体脆弱性指标的组合权重 T_{ij}，按照式（1）、（2）极化法对指标进行标准化处理，用 V_{ij} 表示，建立下列模型计算得到承灾体脆弱度指数 V。

$$V = \sum_{i=1}^{n} T_{ij} V_{ij} \qquad\qquad (5-17)$$

式中，i 为一级指标，j 为二级指标。同上节，将研究区域承灾体脆弱度指数值也划分为 1~4 四个等级（表5-7）。

表5-7　承灾体脆弱度等级

分类等级	脆弱度指数范围	脆弱度	分值
1级危险区	0.75~1.00	极高	1
2级危险区	0.50~0.75	高	2
3级危险区	0.25~0.50	中	3
4级危险区	0~0.25	低	4

（五）海洋生态灾害风险变化等级划分方法

利用《自然灾害风险分级方法》中提出的自然灾害风险分级矩阵方法，建立海洋生态灾害综合风险分级矩阵，确定灾害风险等级（表5-8）。风险等级分值用 R 表示，$4 \geqslant R \geqslant 1$，代表海洋生态灾害风险增大；$8 \geqslant R \geqslant 6$，代表海洋生态风险变化不大；$16 \geqslant R \geqslant 9$，代表海洋生态风险减小。

表5-8　海洋生态灾害风险分级矩阵

风险等级分值（R）			致灾因子危险度（H）			
			极高	高	中	低
			1	2	3	4
承灾体脆弱度（V）	极高	1	1	2	3	4
	高	2	2	4	6	8
	中	3	3	6	9	12
	低	4	4	8	12	16

第六章 海洋资源环境承载能力集成预警方法

第一节 海洋资源环境承载能力集成方法

在海洋资源环境承载能力基础评价、专项评价和过程评价的基础上，对评价结果进行集成，寻找海洋资源环境承载能力超载区域和超载指标。

一、海洋资源环境承载能力结果集成

在基础评价与专项评价的基础上，遴选的基础评价和专项评价10个集成评价指标及其分级见表6-1。采用"短板效应"原理确定可载、临界超载、超载区域，集成评价指标中任意1个指标为Ⅲ级，该区域确定为超载区域，该指标为超载指标；任意1个指标为Ⅱ级，该区域确定为临界超载区域，该指标为临界超载指标；10个集成评价指标都为Ⅰ级，该区域确定为可载区域。在基础评价与专项评价的基础上，遴选集成指标，采用"短板效应"原理确定超载、临界超载、不超载3种超载类型，并复合陆域和海域评价结果，校验超载类型，最终形成超载类型划分方案。

表6-1 超载类型划分中的集成指标及分级

指标来源			指标名称	指标分级		
海域评价	基础评价	海洋空间资源	岸线开发强度	Ⅲ级	Ⅱ级	Ⅰ级
			海域开发强度	Ⅲ级	Ⅱ级	Ⅰ级
		海洋渔业资源	渔业资源综合承载指数	Ⅲ级	Ⅱ级	Ⅰ级
		海洋生态环境	海洋环境承载状况	Ⅲ级	Ⅱ级	Ⅰ级
			海洋生态承载状况	Ⅲ级	Ⅱ级	Ⅰ级
		海岛资源环境	无居民海岛开发强度	Ⅲ级	Ⅱ级	Ⅰ级
			无居民海岛生态状况	Ⅲ级	Ⅱ级	Ⅰ级
	专项评价	重点开发用海区	海域开发强度指数	Ⅲ级	Ⅱ级	Ⅰ级
		海洋渔业保障区	渔业资源密度指数	Ⅲ级	Ⅱ级	Ⅰ级
		重要海洋生态功能区	生态系统变化指数	Ⅲ级	Ⅱ级	Ⅰ级

二、海洋资源环境承载能力结果集成中的"短板效应"

"短板效应"又称为"木桶理论"，源于经济学概念，即一只水桶能装多少水，取决

于桶壁最矮的木板，而不是最高的[106]。由于"短板效应"与资源环境承载能力概念具有内在一致性，在资源环境承载能力集成评价方法研究中被广泛采用[116-117]。全国资源环境承载力监测预警方法明确要求："在陆域和海域开展系列基础评价、专项评价的基础上，采取'短板效应'进行综合集成"。

从资源环境承载能力的初衷和管理需求而言，承载对象建议确定为社会经济发展，包括"量"和"质"两方面。"量"包括承载的经济总量、人口数等，"质"包括经济发展的可持续性、生态环境的良好程度等，并可以根据区域特点确定具体的承载目标指数。而承载体则需要结合自然与人文双重因素整理分析，并可以从区域实际承载能力来分析"短板效应"中的关键限制要素[98]。

海洋资源环境承载能力监测预警方法中"短板效应"综合承载能力判定原则为"基础评价与专项评价中任意一个指标超载、两个及以上指标临界超载的组合确定为超载区域，将任意一个指标临界超载的确定为临界超载区域，其余为不超载类型"。资源类超载阈值主要根据开发强度分级；环境类超载阈值主要根据相关标准及海洋功能区划要求来确定。并没有分析某些要素是否为"关键限制要素"，只是根据各指标是否超载（超标），用"一票否决"的方式判断综合承载能力是否超载，与水质评价通常采用的单因子指数法确定水质是否超标思路相似。虽然"短板效应"与"一票否决"都是用于多因素综合分析，且都强调最差（短）因素的决定性作用，但本质上仍然是两种评价模型，且评价导向有区别，"一票否决"的超载分析实际上是通过承载体状态出现问题来反映开发强度过大，超过资源环境承载能力的情况，相应的管理对策是"降压力"。而"短板效应"强调的是系统内关键限制因素决定了系统的综合能力，由于各要素发展的不均衡性和限制性，对短板的识别和提前预警就尤为重要，一旦超载成为系统的"短板"，并导致区域社会经济系统的整体衰退，再采取对策就太迟，应提前采取措施避免"短板"的出现，并通过生态修复等措施促进"短板"的增长。

三、海洋资源环境承载能力监测预警中"短板效应"的适用范围

"短板效应"只是海洋资源环境承载能力多种效应机制中较为典型的一种，根据具体区域的特点，还有"加和效应"——没有明显的关键限制因素，各要素的优劣大小程度共同决定了综合承载力，以及"长板效应"——区域的比较优势决定了未来发展前景，3种效应在不同的区域及不同的发展阶段起作用，并且任何概念模型对于描述现实复杂世界都只是一种简化。在具体的评价及管理应用中，需要根据客观情况，分析是否存在"短板效应"，并根据区域发展阶段，综合考虑"加和效应"及"长板效应"等其他效应，分析区域承载能力的优化发展路径[122]。

以养殖产业为例，当水质恶化到一定程度导致养殖生物的死亡，就完全不适合养殖，污染就是养殖承载能力的绝对"短板"，当水质恶化程度减轻，主要影响是赤潮灾害，这

时候只是相对短板，此外还有风暴潮、养殖生物疾病等风险因素共同制约了养殖业的发展，并且由于存在不确定性，各因素都可能成为"短板"，在此情况下，综合评估承载能力可以采用各要素风险加和。

如果区域存在突出的"长板"，根据经济学"比较优势理论"，为了充分发挥自身比较优势提供差异性功能，需要根据"长板"来合理配置相关资源，将资源环境"长板"转化为区域承载能力。如某地自然景观资源特别丰富，远高于周边区域，虽然目前交通、区位条件以及配套设施都是短板，旅游等配套产业没有发展起来，但可以通过政府和市场投资，有针对性地提高旅游便利性和接待能力，实现本区域的优势发展[113-115]。

第二节　基于综合赋权法的海洋资源环境承载能力集成方法

海洋资源环境承载能力监测评价采用"短板效应"集成方法评价一个区域海洋资源环境的承载情况，这种方法一方面忽视了各评价指标对不同区域资源环境承载能力评价结果影响程度；另一方面，"短板效应"集成方法会出现单个指标导致整个区域海洋资源环境承载能力"超载"的现象，将直接影响评价结果的准确性，影响管理部门对该区域资源环境承载能力的综合判断。为此，本节以海洋资源环境承载能力评价方法为基础，通过综合赋权法，建立海洋资源环境承载能力综合评价方法，以弥补"短板效应"集成方法的不足。

一、海洋资源环境承载能力监测评价指标

采用综合评价法集成海洋资源环境承载能力监测评价基础评价指标。集成过程以海洋资源环境承载能力基础评价方法为基础。海洋资源环境承载能力基础评价指标共4个方面15个评价指标（表6-2）。

表6-2　海洋资源环境承载能力评价指标

序号		指标	指标释义	指标性质
1		海岸线人工化指数	以海岸生态功能恢复能力为判断依据的海岸线人工化程度	逆指标
2	海洋空间资源	海岸线开发承载力指数	以海洋功能区划和海洋主体功能区规划为基础的海岸线开发承载力	逆指标
3		海域开发资源效应指数	以海域使用方式的资源耗用程度为依据的海域开发资源效应	逆指标
4		海域开发承载力指数	以海洋功能区划和海洋主体功能区规划为基础的海域开发承载力	逆指标

序号	指标		指标释义	指标性质
5	海洋渔业资源	渔获物经济种类比例变化幅度	近海渔业资源监测调查获取的渔获物中经济渔业种类所占比例与近三年的平均值的差值与近三年平均值之比	正指标
6		营养级变化幅度	近海渔获物平均营养级指数与区域标准值的差值与区域标准值之比	正指标
7		鱼卵密度变化幅度	近海渔业资源监测调查值与近三年的平均值的差值与近三年平均值之比	正指标
8		仔稚鱼变化幅度	近海渔业资源监测调查值与近三年的平均值的差值与近三年平均值之比	正指标
9	海洋生态环境	各评价单元海洋功能区水质达标率	采用无机氮（DIN）、活性磷酸盐（PO_4^{3-}-P）、化学需氧量（COD）、石油类等指标，计算各类海水水质等级符合海洋功能区水质要求的面积占海域总面积的比重	正指标
10		浮游植物平均变化率	浮游植物密度、物种数和多样性指数现状值与近十年平均值的变化率之和的算数平均值	逆指标
11		浮游动物平均变化率	浮游动物密度、物种数和多样性指数现状值与近十年平均值的变化率之和的算数平均值	逆指标
12		大型底栖生物平均变化率	大型底栖动物密度、物种数和多样性指数的现状值与近十年平均值的变化率之和的算数平均值	逆指标
13	海岛资源环境	人工岸线比例	无居民海岛人工岸线长度占海岛总岸线长度之比	逆指标
14		开发用岛规模指数	无居民海岛已开发利用面积占海岛总面积之比	逆指标
15		植被覆盖率变化率	评估基准年植被覆盖度与评估现状年植被覆盖度的差值与评估基准年植被覆盖度之比	逆指标

二、评价指标权重计算

海洋资源环境承载能力综合评价方法的重点是综合评价模型中各指标权重的赋值，权重赋值的方法有很多，主要分为主观赋权法、客观赋权法和综合赋权法三大类，主观赋权法是完全人为根据各指标特点对指标权重进行赋值，客观赋权法是完全依据指标数据特点对指标权重进行赋值，综合赋权法则是结合多个赋权方法为指标权重进行赋值[69-70]。本研究同时考虑指标和指标数据特点，采用层次分析法（主观赋权法）和熵值法（客观赋权法）结合乘法合成归一法（综合赋权法）计算指标权重。

图6-1为海洋资源环境承载能力评价指标的权重分析流程图，给出了海洋资源环境承载能力综合评价指标权重的计算过程。一方面采用层次分析法[64]，首先建立评价指标的递阶层次，然后邀请相关专家根据建立的递阶层次对评价指标进行打分，并根据专家打分结果构建对比矩阵，计算对比矩阵的特征根和特征向量进而计算指标权重，最后计算对比矩阵的最大特征根进行一致性检验来判断权重结果是否可用；另一方面采用熵值法[59]，首先对指标数据进行标准化处理后建立多属性决策矩阵，然后计算指标贡献度，并检验指标贡献度的一致性，最后计算指标权重。最终将层次分析法和熵值法计算的指标权重采用

乘法合成归一法进行综合得到海洋资源环境承载能力综合评价指标的权重。

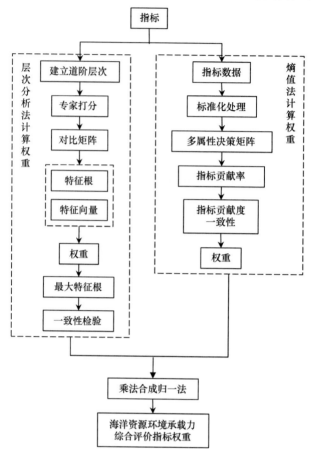

图 6-1　海洋资源环境承载能力评价指标权重分析

（一）层次分析法

1. 建立递阶层次

设置目标层、准则层（指标层）和方案层建立递阶层次，则海洋资源环境承载能力综合评价结果为目标层，海洋资源环境承载能力综合评价指标为指标层，其中海洋空间资源、海洋渔业资源、海洋生态环境和海岛资源环境为一级指标层，15 个基础指标为二级指标层，海洋资源环境承载能力综合评价对象为方案层，海洋资源环境承载能力综合评价指标受海洋资源环境承载能力综合评价对象的影响，所以此递阶层次属于完全层次。

2. 构建对比矩阵

根据专家打分结果将各层指标两两比较进行排序，得到对比矩阵 A。

$$A = \left[a_{ij}\right]_{n \times n} = \begin{pmatrix} a_{11} & a_{12} & \cdots & a_{1n} \\ a_{21} & a_{22} & \cdots & a_{2n} \\ \cdots & \cdots & \cdots & \cdots \\ a_{n1} & a_{n2} & \cdots & a_{nn} \end{pmatrix} \qquad (6-1)$$

式中，a_{ij} 表示第 i 个因素对第 j 个因素的比较结果；n 表示指标的个数。

3. 计算权重

将矩阵 A 中各向量进行几何平均，并进行归一化，得到权重向量。如果矩阵 A 的最大特征根为 λ_{max}，其对应的特征向量为 W，则：

$$AW = \lambda_{max} W \qquad (6-2)$$

4. 一致性检验

对矩阵 A 进行一致性检验证明权重的合理性。一致性指标为 CI。一致性比率为 CR。

$$CI = \frac{\lambda_{max} - n}{n - 1} \qquad (6-3)$$

$$CR = \frac{CI}{RI} \qquad (6-4)$$

式中，RI 为平均随机一致性指标[23]，$CR < 0.1$ 时对比矩阵具有一致性。

（二）熵值法

1. 构建多属性决策矩阵

采用标准化处理后的海洋资源环境承载能力综合评价指标数据构建多属性决策矩阵 B。

$$B = \begin{matrix} M_1 \\ M_2 \\ \cdots \\ M_m \end{matrix} \begin{pmatrix} x_{11} & x_{12} & \cdots & x_{1n} \\ x_{21} & x_{22} & \cdots & x_{2n} \\ \cdots & \cdots & \cdots & \cdots \\ x_{m1} & x_{m2} & \cdots & x_{mn} \end{pmatrix} \qquad (6-5)$$

式中，M_i 表示评价指标（属性）的第 i 个属性；m 表示方案的个数；n 表示评价指标（属性）的个数。

2. 计算权重

首先，计算 M_i 的贡献度 P_{ij}，再计算所有方案对属性 j 的贡献总量 E_j。

$$P_{ij} = \frac{x_{ij}}{\sum_{i=1}^{m} x_{ij}} \qquad (6-6)$$

$$E_j = -K \sum_{i=1}^{m} P_{ij} ln \ (P_{ij}) \qquad (6-7)$$

式中，$K = 1/ln \ (m)$。则第 j 个属性下各方案贡献度的一致性程度 $d_j = 1 - E_j$。最后对 d_j 归一得到各评价指标（属性）的权重。

（三）乘法合成归一法

综合层次分析法和熵值法计算的权重结果，最终计算海洋资源环境承载能力综合评价指标权重 v_j。

$$v_j = w_i u_j \Big/ \sum_{j=1}^{n} w_i u_j \qquad (6-8)$$

三、评价指标的标准化处理

海洋资源环境承载能力综合评价指标数据性质不同，单位也不统一，在进行综合评价前，需对数据进行无量纲和同向性处理，即对数据进行标准化处理。各指标性质见表6-2，计算正指标和逆指标的标准化指标值 r_{ij}。

正指标

$$r_{ij} = \frac{x_{ij} - min \ (x_{ij})}{max(x_{ij}) - min \ (x_{ij})} \qquad (6-9)$$

逆指标

$$r_{ij} = \frac{max(x_{ij}) - x_{ij}}{max(x_{ij}) - min \ (x_{ij})} \qquad (6-10)$$

四、评价指标权重计算

海洋资源环境承载能力综合评价指标的权重分别采用熵值法、层次分析法和综合赋权法计算，由于不是所有评价单元均含海岛资源，所以在评价指标选择时不仅考虑了 15 个基础评价指标，同时还考虑了去掉海岛资源环境指标的 12 个指标体系。两种指标体系的权重计算结果见表6-3。15 个指标计算权重时，熵值法计算结果中鱼卵密度变化幅度权重最大，为 0.18，海岸线开发承载力指数权重最小，为 0.01；层次分析法计算结果中各评价单元海洋功能区水质达标率权重最大，为 0.12，人工岸线比例权重最小，为 0.02；综合赋权法计算结果中各评价单元海洋功能区水质达标率权重最大，为 0.17，海域开发资源效应指数权重最小，为 0.01。12 个指标计算权重时，熵值法计算结果中鱼卵密度变化幅度权重最大，为 0.23，海岸线开发承载力指数权重最小，为 0.01；层次分析法计算结果中各评价单元海洋功能区水质达标率权重最大，为 0.14，海域开发资源效应指数权重最小，为0.04；综合赋权法计算结果中各评价单元海洋功能区水质达标率权重最大，为0.25，海岸线人工化指数权重最小，为0.02。可见，2个指标体系中，权重最大的评价指标均为海洋功能区水质达标率，权重最小的评价指标均为海洋空间资源中的评价指标。

表6-3　海洋资源环境承载能力综合评价指标权重

指标		熵值法	层次分析法	综合赋权法	熵值法	层次分析法	综合赋权法
		15个指标			12个指标		
海洋空间资源	海岸线人工化指数	0.02	0.04	0.01	0.03	0.04	0.02
	海岸线开发承载力指数	0.01	0.11	0.02	0.01	0.13	0.06
	海域开发资源效应指数	0.01	0.04	0.01	0.02	0.04	0.06
	海域开发承载力指数	0.01	0.11	0.02	0.02	0.13	0.19
海洋渔业资源	渔获物经济种类比例变化幅度	0.10	0.11	0.17	0.13	0.13	0.06
	营养级变化幅度	0.09	0.11	0.15	0.11	0.13	0.09
	鱼卵密度变化幅度	0.18	0.04	0.10	0.23	0.04	0.06
	仔稚鱼变化幅度	0.08	0.04	0.04	0.10	0.04	0.06
海洋生态环境	各评价单元海洋功能区水质达标率	0.09	0.12	0.17	0.12	0.14	0.25
	浮游植物平均变化率	0.05	0.03	0.03	0.06	0.04	0.02
	浮游动物平均变化率	0.05	0.06	0.05	0.06	0.08	0.04
	大型底栖生物平均变化率	0.09	0.06	0.09	0.11	0.08	0.08
海岛资源环境	人工岸线比例	0.07	0.02	0.03			
	开发用岛规模指数	0.07	0.08	0.08			
	植被覆盖率变化率	0.07	0.04	0.05			

五、海洋资源环境承载能力综合评价

采用加权求和方法计算一个区域的海洋资源环境承载能力总体状况，具体计算如下[23]：

$$HYCZ = \sum_{i=1}^{m} Z_i W_i \qquad (6-11)$$

式中，$HYCZ$ 为海洋资源环境承载能力综合评价值；Z_i 为标准化后的指标值；W_i 为各指标的权重。海洋资源环境承载能力综合评价值 $HYCZ>0.60$ 为可载区域，处于 $0.40\sim0.60$ 为临界超载区域，<0.40 为超载区域。

这种采用层次分析法、熵值法和乘法合成归一法建立的海洋资源环境承载能力综合评价方法，实现海域资源环境承载能力的综合定量监测评价，是空间和时间尺度上海域资源环境承载能力综合评价及预警的有效方法和手段。海洋资源环境承载能力综合评价方法可结合"短板效应"法共同开展海洋资源环境承载能力评价及预警工作。

第三节　海洋资源环境承载能力预警技术

海洋资源环境承载能力预警是对海洋资源环境承载能力状况的发展趋势作出的提前警示，为海洋资源环境管理提供一种提前告知。海洋资源环境承载能力预警等级划分为极重警（红色预警）、重警（橙色预警）、中警（黄色预警）、轻警（蓝色预警）、无警 5 个等级。

一、海洋资源环境承载能力总体预警技术

根据海洋资源环境承载能力基础评价结果、专项评价结果和过程评价结果分级预警，如果海洋资源环境承载能力基础评价和专项评价集成结果为超载区域，过程评价结果又属于加剧型，该区域预警等级为最高级极重警，进行红色预警；如果海洋资源环境承载能力基础评价和专项评价集成结果为超载区域，过程评价结果属于趋缓型，预警等级为次高级重警，进行橙色预警；如果海洋资源环境承载能力基础评价和专项评价集成结果为临界超载区域，过程评价结果属于加剧型，预警等级为第三级中警，进行黄色预警；如果海洋资源环境承载能力基础评价和专项评价集成结果为临界超载区域，过程评价结果属于趋缓型，预警等级为第四级轻警，进行蓝色预警；如果海洋资源环境承载能力基础评价和专项评价集成结果为可载区域，不管过程评价结果属于趋缓型还是加剧型，预警等级为第五级无警，不进行海洋资源环境承载能力预警。海洋资源环境承载能力预警等级见图 6-2。

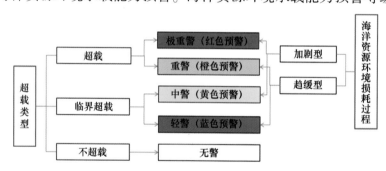

图 6-2　海洋资源环境预警等级划分

二、海水水质环境承载能力预警技术

基于海洋资源环境承载能力内涵，海洋生态环境承载力方法应遵循综合性与主导性相结合，以及科学性和可操作性相结合的原则[12,13]，将预警理论引入到海水水质环境承载力研究领域中，通过历年海水质量、海洋功能分区划等相关数据及资料，制定海水环境承载能力预警分区的研究方法和技术路线[56,63]（图 6-3）。

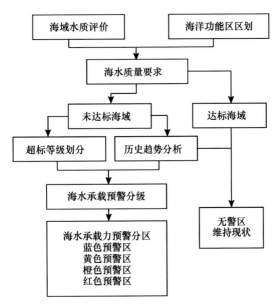

图 6-3　海水环境承载能力预警研究框架

（一）海洋功能区水质状况评价

采用 *IDW* 空间插值法，并依据《海水水质标准》（ GB 3097—1997）计算渤海海水综合质量等级。按照海洋功能区划中明确的各级海洋功能区分类及海洋环境保护要求进行海水承载力状况评价，其中特殊利用区和保留区由于情况比较复杂，暂时难以明确具体的环境目标，因此以水质要求最低的 "不劣于四类" 作为评价依据（表 6-2）。

表 6-2　海洋功能区水质要求评价标准

海洋功能区类型	海水水质要求
农渔业区	不劣于二类
港口航运区	不劣于四类
工业与城镇用海区	不劣于三类
矿产与能源区	不劣于四类
旅游休闲娱乐区	不劣于二类
海洋保护区	不劣于一类
特殊利用区	不劣于四类
保留区	不劣于四类

采用地理信息空间分析技术进行空间叠加，计算得到符合海洋功能区水质要求和不符合海洋功能区水质要求的海域范围，对不符合功能区水质类别要求的区域采用空间分析计算出其水质等级超出功能区水质要求的等级 E_w，依据表 5-3 的评价标准对不同承载力数

值 S_w 进行赋值。

$$E_w = C_w - B_w S_w = \begin{cases} 0(E_w \leq 0) \\ E_w(E_w > 0) \end{cases} \qquad (6-12)$$

式中，C_w 为评价海域海水综合质量等级；B_w 为海洋功能区水质要求。

表6-3　海水环境承载力的评价标准

海水环境承载力评价	评价条件	赋值
可载区（符合功能区水质要求）	满足水质要求	0
临界超载区（不符合功能区水质要求）	超水质要求一级	1
超载区（不符合功能区水质要求）	超水质要求二级	2
	超水质要求三级	3
	超水质要求四级	4

（二）海水环境承载力预警分级评价模型

目前，越来越多的研究将预警技术应用于生态环境和资源承载能力研究中，其本质是通过对环境资源的现状评价中，通过总结研究事物的发展规律，分析现状、判断和预测变化趋势，与一定的衡量标准作比较，做出预告和警示，这不仅可以分析其影响程度，还可为制定预案提供依据[170-171]。本节以海洋功能区水质达标情况表征海水环境承载力，借鉴数学统计和空间分析技术对渤海近岸海域海水环境承载力进行预警分区，旨在通过定量描述和定性分区研究海水环境承载力预警评价方法。

运用最小二乘法和空间叠加分析方法构建趋势空间评价模型，以趋势空间评价模型来定量化描述海水环境承载力的变化趋势，趋势空间法是最小二乘估计的一种空间应用与拓展，在对趋势规律的定量描述和评价方面，这是一种非常有效的分析和设计方法，依据历年海水承载状况评价结果构建一个具有时间序列数据集，为强化现状值的影响，海水承载力数值是对各时间序列的承载状况加 0.1~0.4 的权重，综合形成的统一指数。海水环境的承载力预警指数以最小二乘法计算的海水承载力回归系数 Q_w 来表示，即海水承载状况在时间序列上的趋势。

$$Q_w = \frac{\sum (X_i - \overline{X})(S_i W_i - \overline{SW})}{\sum (X_i - \overline{X})^2} = \frac{n \sum X_i S_i W_i - \sum X_i \sum S_i W_i}{n \sum X_i^2 - \sum (\overline{X})^2} \qquad (6-13)$$

式中，S_i 为不同时间序列的海水承载力数值；X_i 为时间序列值；W_i 为不同时间序列的海水承载力的权重；n 为时间序列长度。

计算得出的海水承载力回归系数 Q_w 能够反映出目标海域海水承载力的变化趋势，当回归系数高于 0 时说明目标海域海水承载力状况呈恶化趋势，反之则说明目标海域海水承载力状况成稳定趋势。本文以不同海水承载力回归系数区间表示为 4 种海水承载力预警等级，其中对于常年处于超第四类海水水质标准和常年为劣四类海水水质标准的海域，考虑其严重污染的影响而直接定义为橙色预警和红色预警，海水承载力预警分级标准见表 6-4。

表 6-4　海水环境承载力预警等级评价标准

海水承载力预警等级	评价条件	说　明
无预警海域	$Q_w \leq 0$	不超载区
蓝色预警海域	$0 < Q_w \leq 1$	海水环境超载临界区
黄色预警海域	$1 < Q_w \leq 2$	海水环境超载加剧区
橙色预警海域	$2 < Q_w \leq 3$ 海水综合质量常年超第四类海水水质标准	海水环境超载恶化区
红色预警海域	$Q_w > 3$ 海水综合质量常年为劣第四类海水水质标准	海水环境超载严重恶化区

第七章 超载区域成因分析与政策预研方法

第一节 超载区域成因分析方法

海洋资源环境承载能力超载区域成因分析是海洋资源环境承载能力监测预警工作的最重要环节之一，它比海洋资源环境承载能力监测预警技术本身更为宽泛和复杂，涉及的因素、内容需从更广泛的视角、更大时间跨度和地域空间尺度加以界定[95]。一般情况下，海洋资源环境承载能力超载区域成因分析至少应包括关键因素识别、超载区域成因分析、预警等级成因分析等内容。

一、超载关键因素识别

超载关键因素识别是进行海洋资源环境承载能力超载区域成因分析的先决条件。超载区域成因分析需先依据基础评价、专项评价、预警等级等涉及要素及指标选择情况，结合地域特点识别出导致区域海洋资源环境承载能力超载的影响因素。一般而言，影响海洋资源环境承载能力的因素可概括为自然、发展和管理3类。自然类因素包括海岸地形、水沙动力条件和海洋生态及环境容量状况；发展类因素是指人类活动状况，包括经济社会发展方式、用海规模、结构和速度等；管理类因素包括管理方式、政策法规、体制机制和技术标准等。其次，针对基础评价、专项评价和预警等级划分结果，筛选导致区域海洋资源环境承载能力超载的关键类因素及其隶属因子，为超载成因分析提供有限的因素及因子范围和明确的目标导向。最后，理清关键因素及其隶属因子与超载状态之间可能存在的作用关系，为选择不同的超载成因分析方法提供参考依据。

实际上，海洋资源环境承载能力是一个多因素综合效益，需要将自然资源环境与人文资源环境综合分析才能找出区域社会经济发展的"关键限制因素"。识别区域社会经济发展的"关键限制因素"需要广泛深入的调查分析，而不能仅仅分析现有的监测要素是否超过管理规定和标准限制。以近岸海水富营养化为例，若评价区域海洋产业以藻类养殖为主，一定程度的富营养化是高产增收的重要保障，如果没有暴发赤潮灾害，一定程度的富营养化带来的初级生产力提高，也会对渔业资源产生正效应，增强渔业资源承载能力。贫营养很容易成为养殖区域的"关键限制因素"，比如2017年年底獐子岛海域海洋鱼贝类生物大规模死亡事件，獐子岛集团股份有限公司就认为是"降水量大幅下降，导致海域内营养盐补充不足，以硅藻为代表的虾夷扇贝饵料水平受到影响"是损失6亿多元的重要原因之一。营养盐要素即使产生了污染负效应，作为区域城镇及工业发展的副产品，也需要根据损失与收益综合分析才能明确富营养化是否是评价单元可持续发展的"关键限制因素"，污染超标并不能简单等同于综合承载能力超载。

二、超载成因分析方法

海洋资源环境承载能力超载成因分析有多种方法，按因素类型三分法进行组合，一般可以划分为3种方法：即单因素类分析法、双因素类组合分析法和多因素类叠加分析法。单因素类分析法是指海洋资源环境承载能力超载的成因只涉及一类因素，主要通过此类影响因素所涉及一种或几种因素的分析，就可以解释超载原因，包括自然因素类分析法、发展因素类分析法和管理因素类分析法。双因素类组合分析法是指海洋资源环境承载能力超载的成因涉及两类因素，每类因素中至少有一种因素是超载原因，通过相关因素分析，进行原因解析，包括"自然因素+发展因素"类分析法、"发展因素+管理因素"类分析法和"自然因素+管理因素"类分析法。多因素类叠加分析法主要针对海洋资源环境承载能力超载成因涉及3类因素的区域，成因分析采用多因素类叠加分析法，即"自然因素+发展因素+管理因素"类分析法。运用以上3种成因分析方法，并结合因子分析、层次分析、主成分分析以及其他定量分析等方法，可对基础评价结果、专项评价结果和预警等级进行成因分析。需要特别说明的是，在对特定区域海洋资源环境承载能力超载成因分析时，上述3种方法也适用于来源于同一类型的不同因素，采用的分析方法即为单因素分析法和双因素组合分析法、多因素叠加分析法。

三、基础评价结果成因分析

针对海洋空间资源、渔业资源、生态环境、无居民海岛资源环境四项基础要素评价结果，从自然条件、经济社会发展和管理政策体系3个维度进行成因分析。结合海洋功能区划及其海域使用现状，分析超载区域主要海洋基本功能区海域使用类型和方式，解释海岸线、近岸海域开发面临的主要压力，剖析区域海洋发展战略实施对海域空间需求变化以及对海洋空间资源保护与利用的影响。依据海洋渔业资源超载区域的游泳动物、鱼卵、仔稚鱼评价结果，识别分析导致渔业资源超载的关键因素，进一步分析近5年该海域渔获物经济种类比例、渔获物营养级、鱼卵密度、仔稚鱼的变化情况，找出主要变化因素。依据海洋生态环境超载地区海水环境质量时空分布特征、关键生态要求变化情况，识别分析导致海洋生态环境超载的关键因素；通过与海洋功能区划各功能区水质管控要求进行对比，分析影响海水环境超载的主要污染物及其时空变化特点。针对海水污染物浓度综合超标评价结果，解析区域海水环境主要污染物的构成及排放源特征；分析主要污染物排放与区域经济增长、产业结构、能矿资源开发、城镇化发展之间的关系，阐释不同发展方式导致的污染物浓度超标原因；依据近5年海洋生态要素变化过程，分析区域海洋生态系统的脆弱性和抗干扰能力。针对无居民海岛开发对海岛生态系统的影响，尤其是人类活动对海岛森林、草地和湿地生态系统的破坏性影响，分析海岛资源环境超载的关键因素。

四、专项评价结果成因分析

　　针对重点开发用海区、海洋渔业保障区和重要海洋生态功能区3类功能区专项评价结果，从自然本底条件、经济社会发展和管理政策体系3个维度进行成因分析。重点开发用海区重点分析港口码头区、滨海城镇区、临海工业区围填海造地等海域开发建设规模和面积，分析各个海洋基本功能区开发用海是否超过海洋功能区划管控要求。海洋渔业资源保障区重点分析近年来海洋渔业资源的变化是否超过渔业资源波动阈值，并剖析超过阈值的程度及其主要原因。重要海洋生态功能区重点分析生态系统组成、功能结构等对生态安全格局及变化的影响，主要关注滩涂湿地面积变化是否超过资源底线、滩涂植被覆盖是否持续减少、海洋保护物种对象种群动态；分析生态补偿、生态保护工程、生态环境监测与监管体制、绩效考核等配套政策的影响。

五、预警等级类区成因分析

　　预警等级类区成因分析重点依据基础评价和专项评价及成因分析结果，采用因子分析、层次分析、主成分分析等方法，重点分析海域空间资源压力、渔业资源开发利用、海水污染物浓度超标、海洋生态系统健康等方面的状态以及变化趋势，识别和定量评价超载关键因素及其作用程度，并从自然禀赋条件、经济社会发展、资源环境管理等维度阐释不同功能区超载成因。通过超载区域与基础评价、专项评价结果的叠加分析，筛选超载和临界超载类型中导致海洋资源环境耗损状态发生变化的关键因子，采用多因素叠加分析法，刻画陆域水土资源组合超载、水资源与环境组合超载等若干不同要素的组合超载特征，并采用过程追因剖析造成陆域不同预警等级的原因。

　　采用因果关系链分析等方法，重点分析海洋资源利用方式、规模及强度对海洋资源产生的压力，沿海地区发展方式、规模、结构及水平对海域生态环境的影响，并从海域自然条件、海洋和岸线资源开发利用、陆海关系以及政策管理等维度阐释不同海洋功能区超载成因。通过海域超载区域与基础评价、专项评价结果的叠加分析，筛选超载和临界超载类型中导致海域资源环境耗损状态发生变化的关键因子，采用多因素叠加分析法，刻画海域生态环境组合超载、空间资源与环境组合超载等若干不同要素的组合超载特征，并采用过程追因（尤其是陆源追因）剖析造成海域不同预警等级的原因。

六、海洋资源环境承载能力超载区域成因综合分析

　　结合海洋资源环境承载能力基础评价、专项评价及过程评价的不同要素状况，采用因果链分析原理，通过超载区域集成评价指标叠加分析，筛选超载和临界超载类型中导致海洋资源环境耗损状态发生变化的关键因子，采用多因素叠加分析法，刻画海洋生态环境组

合超载、空间资源与环境组合超载等若干不同要素的组合超载特征，并采用溯源法剖析造成海域资源环境超载及红色、橙色、黄色、蓝色预警等级的原因。

第二节　海洋资源环境承载能力超载区域管控政策

在海洋资源环境承载能力超载区域，针对超载成因，从海洋资源环境整治、功能区建设、监测预警长效机制等方面，预研政策措施，并按照预警等级探索不同管控强度的差异化限制性措施，引导和约束各地严格按照资源环境承载能力谋划发展。海洋资源环境承载能力超载区域，根据资源环境耗损加剧与趋缓程度，进一步将超载等级分为红色（极重警）和橙色（重警）两个预警等级，预警等级依次为红色、橙色。按照"清退超量、遏制增量、消化存量、补偿损量、提升容量、监控变量"的原则，对于不同的预警等级，确定不同的综合管理和奖惩措施。

一、红色预警区（海洋资源环境损耗加剧的超载区）

（一）综合限制措施

（1）总体要求：调整红色预警区发展规划和产业结构，引导人口、产业逐步有序转移，划定并严守海洋生态保护红线、海洋环境质量底线、海域资源利用上限，对相关联海岸带地区的产业发展和生态环境保护等实施以海定陆；将红色预警区纳入海洋督查的重点区域，加强动态化监测预警和常态化巡查，严肃查处违法违规用海行为，严格限制开发强度，切实加强保护力度。

（2）产业政策：建立严格产业准入制度和产业退出机制，根据超载程度和主要超载因素设置产业退出和准入负面清单，提高涉海项目准入门槛，对新建项目投资管理部门不予审批、核准和备案，对现有产业要限期整改或退出。依据海岸带地区陆域和海域资源环境承载能力，确定区域"两高一资"等行业规模限值。禁止产业结构调整指导目录中限制类、淘汰类项目以及产能严重过剩行业新增产能项目审批。

（二）分类限制措施

1. 海洋空间资源超载且加剧区

（1）超载清退：对导致区域海洋空间资源超载的用海项目予以清理，严格核查疑点疑区用海行为，对违法违规用海项目一律清退，并责成恢复至用海前状态；无法恢复的，要实施生态补偿工程。

（2）遏制增量：停止审批新增围填海工程和岸线利用工程，实施海岸建筑退缩线制度，严格落实区域自然岸线保有率的控制要求。对于加剧海洋资源环境损耗程度的用海行为，提高海域使用金征收标准。

（3）消化存量：制定并实施围填海存量使用管理办法，对长期围而不填区的围海堤坝，限期进行拆除并实施生态修复工程；对长期填而不建区，限期优先实施沿岸防护林、滨海湿地等生态建设工程；对自然岸线和海域破坏严重区域，限期开展整治修复工程。

（4）生态用海：对在建的海洋和海岸工程，严格按照生态用海要求，实施生态补偿性整治修复工程；对拟建的海洋和海岸工程等用海项目，项目设计必须包含生态建设和生态监测内容，项目实施必须"生态补偿在前，项目建设在后"，即首先开展生态补偿性整治修复或生态建设，再开展项目工程建设。

2. 海洋渔业资源超载且加剧区

（1）超载清退：实施近海捕捞限额制度，控制渔船数量和总功率，加大减船转产力度；完善海洋捕捞业准入制度，进一步清理绝户网等违规渔具和"三无"（无捕捞许可证、无船舶登记证书、无船舶检验证书）渔船，取消或调整超载区海洋渔业补贴制度。核定近海养殖容量，清退无证海水养殖区和不符合海洋功能区划要求的养殖户。

（2）生态养殖：大力发展水产健康养殖，加强养殖池塘改造。大力发展碳汇渔业，引导近岸海水养殖区向离岸深水区转移。

（3）资源养护：强化海洋渔业资源养护和栖息地保护，增设水产种质资源保护区并严格管理；根据超载程度调整休渔期，因地制宜开展人工鱼礁、增殖放流等渔业资源养护工程，提升渔业资源承载能力。

3. 海洋生态环境超载且加剧区

（1）污染防治：对海洋环境超载且加剧区，实施近岸海域水质改善的行政长官负责制，把海洋功能区水质达标率纳入近岸海域水质考核体系，制定严格的地方海水水质标准，加强水质监督和考核；区域内河流入海断面的水质考核要求，按照水环境功能区水质等级要求再提高一级；全面清理非法或设置不合理的入海排污口，提高向海排放污水的排污许可收费标准；强化海上排污监管，建立并实施海上污染排放许可证制度；严格落实海岸带地区总氮总磷排放削减目标责任制，对污染严重的河口海湾和重要海洋生态功能区实施主要入海污染物总量控制制度；禁止高污染高排放产业在海岸带区域布局。

（2）生态保护：对海洋环境生态超载且加剧区，严格落实海洋生态红线制度，将重点海洋生态功能区、敏感区和脆弱区划定为生态红线区实施严格保护；按照遏制海洋生态退化的要求，划定海域海岸带的禁止围填海区、禁止开发区等，实施海域和相关联陆域产业准入负面清单制度；实施滨海湿地的分级管理制度，将滨海湿地面积、湿地保护率、湿地生态状况等保护成效指标纳入本地区生态文明建设目标评价考核等制度体系，建立健全奖励机制和终身追责机制；把河口区生态需水量纳入流域用水量调控总体方案。

（3）整治修复：按照"谁污染、谁治理"的原则，限期实施重污染海域的环境综合治理工程，改善海域水质状况，恢复其海洋生态功能，提升区域海洋生态环境承载能力。按照"谁破坏、谁修复"的原则，限期实施生态退化海域的生态修复与建设工程，遏制生态退化趋势，增强生态承载能力。加强整治修复工程的第三方跟踪监测评估和绩效考核，并将整治修复工程进展和绩效纳入当地政府年度考核体系。

4. 海岛资源环境超载且加剧区

严格无居民海岛及周边海域开发的准入制度，严格落实生态用岛要求，限期清退不当用岛项目并做好生态修复。限期开展生态环境破坏严重海岛的整治修复工程，并将其纳入当地政府年度考核体系。

二、橙色预警区（海洋资源环境损耗加剧趋缓的超载区）

（一）综合限制措施

（1）总体要求：优化橙色预警区经济发展和生态环境功能布局，限制人为开发边界和规模强度，扩大环境容量与生态空间；加强对橙色预警区的高频监测预警和巡查，严肃查处违法违规用海行为，严格限制开发强度，切实加强保护力度。

（2）产业政策：建立严格产业准入制度和产业退出机制，根据超载程度和主要超载因素设置产业退出和准入负面清单，提高涉海项目准入门槛，对新建项目投资管理部门不予审批、核准和备案，对现有产业要限期整改或退出。依据海岸带地区陆域和海域资源环境承载能力，确定区域"两高一资"等行业规模限值。禁止产业结构调整指导目录中限制类、淘汰类项目以及产能严重过剩行业新增产能项目审批。

（二）分类限制措施

1. 海洋空间资源超载但趋缓区

（1）超载清退：对导致区域海洋空间资源超载的用海项目予以清理，严格核查疑点疑区用海行为，对违法违规用海项目一律清退，并责成恢复至用海前状态；无法恢复的，要实施生态补偿工程。

（2）遏制增量：停止审批新增围填海工程和岸线利用工程，实施海岸建筑退缩线制度，严格落实区域自然岸线保有率的控制要求。对于加剧海洋资源环境损耗程度的用海行为，提高海域使用金征收标准。

（3）消化存量：制定并实施围填海存量使用管理办法，对长期围而不填区的围海堤坝，限期进行拆除并实施生态修复工程；对长期填而不建区，限期优先实施沿岸防护林、滨海湿地等生态建设工程；对自然岸线和海域破坏严重区域，限期开展整治修复工程。

（4）生态用海：对在建的海洋和海岸工程，严格按照生态用海要求，加强跟踪监测和后评估；对拟建的海洋和海岸工程等用海项目，项目设计必须包含生态建设和生态监测内容，首先开展生态补偿性整治修复或生态建设，再开展项目工程建设。

2. 海洋渔业资源超载但趋缓区

（1）超载清退：完善海洋捕捞业准入制度，进一步清理违规渔具和"三无"渔船，调整超载区海洋渔业补贴制度。核定近海养殖容量，清退无证海水养殖区和不符合海洋功能区划要求的养殖户，控制近岸养殖规模、结构和布局。

（2）生态养殖：大力发展水产健康养殖，加强养殖池塘改造。大力发展碳汇渔业，引导近岸海水养殖区向离岸深水区转移。

（3）资源养护：加强海洋渔业资源养护和栖息地保护，严格水产种质资源保护区管理；根据超载程度调整休渔期，因地制宜开展人工鱼礁、增殖放流等渔业资源养护工程，提升渔业资源承载能力。

3. 海洋生态环境超载但趋缓区

（1）污染防治：对海洋环境超载区，实施近岸海域水质改善的行政长官负责制，严格近岸海域水质和河流入海断面水质的联动监督和考核；全面清理非法或设置不合理的入海排污口；强化海上排污监管，建立并实施海上污染排放许可证制度；严格落实海岸带地区总氮总磷排放削减目标责任制，对污染严重的河口海湾实施主要入海污染物总量控制制度；禁止高污染高排放产业在海岸带区域布局。

（2）生态保护：对海洋生态超载区，严格落实海洋生态红线制度，将重点海洋生态功能区、敏感区和脆弱区划定为生态红线区实施严格保护；按照遏制海洋生态退化的要求，划定海域海岸带的禁止围填海区、禁止开发区等，实施海域和相关联陆域产业准入负面清单制度；实施滨海湿地的分级管理制度，将滨海湿地面积、湿地保护率、湿地生态状况等保护成效指标纳入本地区生态文明建设目标评价考核等制度体系，建立健全奖励机制和终身追责机制；把河口区生态需水量纳入流域用水量调控总体方案。

（3）整治修复：实施重污染海域的环境综合治理工程，改善海域水质状况，恢复其海洋生态功能，提升海洋环境承载能力。实施生态退化海域的生态修复与建设工程，遏制生态退化趋势，增强生态承载能力。加强整治修复工程的第三方跟踪监测评估和绩效考核。

4. 海岛资源环境超载但趋缓区

严格无居民海岛及周边海域开发的准入制度，严格落实生态用岛要求，清退不当用岛项目并做好生态修复，开展生态环境破坏严重海岛的整治修复工程。

第三节 海洋资源环境承载能力临界超载区域管控政策

海洋资源环境承载能力临界超载区域包括黄色预警区域和蓝色预警区域，黄色预警区域管控政策分为综合限制措施和分类限制措施。蓝色预警区域管控政策包括限制措施和激励措施。

一、黄色预警区（海洋资源环境损耗加剧的临界超载区）

（一）综合限制措施

（1）总体要求：对黄色预警区开展定期监测和巡查，严肃查处违法违规用海行为，遏制海洋开发强度的进一步增长，改善开发利用方式，切实加强保护力度，对相关联海岸带地区的产业发展和生态环境保护等实施以海定陆。

（2）产业政策：建立严格产业准入制度和产业退出机制，依据海岸带地区陆域和海域资源环境承载能力，确定区域"两高一资"等行业规模限值。禁止产业结构调整指导目录中限制类、淘汰类项目以及产能严重过剩行业新增产能项目审批。支持资源枯竭、生态严重退化等地区经济转型发展。

（二）分类限制措施

1. 海洋空间资源临界超载且加剧区

（1）遏制增量：严格实施围填海总量控制和自然岸线保有率控制制度，实施海岸建筑退缩线制度。核查疑点疑区用海行为，对违法违规用海项目一律清退。对于加剧海洋资源环境损耗程度的用海行为，提高海域使用金征收标准。

（2）消化存量：制定并实施围填海存量使用管理办法，对长期围而不填区的围海堤坝，进行拆除并实施生态修复工程；对长期填而不建区，优先实施沿岸防护林、滨海湿地等生态建设工程；对自然岸线和海域破坏严重区域，开展整治修复工程。

（3）生态用海：对在建的海洋和海岸工程，严格按照生态用海要求，加强跟踪监测和后评估；对拟建的海洋和海岸工程等用海项目，项目设计必须包含生态建设和生态监测内容，首先开展生态补偿性整治修复或生态建设，再开展项目工程建设。

2. 海洋渔业资源临界超载且加剧区

（1）总量控制：完善海洋捕捞业准入制度，进一步清理违规渔具和"三无"渔船。核定近海养殖容量，严格控制近岸养殖规模、结构和布局。

（2）生态养殖：大力发展水产健康养殖，加强养殖池塘改造。大力发展碳汇渔业，引导近岸海水养殖区向离岸深水区转移。

（3）资源养护：加强海洋渔业资源养护和栖息地保护，严格水产种质资源保护区管理；因地制宜开展人工鱼礁、增殖放流等渔业资源养护工程，提升渔业资源承载能力。

3. 海洋生态环境临界超载且加剧区

（1）污染防治：对海洋环境临界超载区，严格近岸海域水质和河流入海断面水质的联动监督和考核；严格落实海岸带地区总氮总磷排放削减目标责任制，禁止高污染高排放产业在海岸带区域布局。

（2）生态保护：对海洋生态临界超载区，严格落实海洋生态红线制度，严守自然岸线控制要求，合理设立滨海湿地相关资源利用的强度和时限，实施海域和相关联陆域产业准入负面清单制度。

（3）整治修复：实施环境改善型整治修复工程、生态改良型生态建设工程，争取实现环境质量改善、生态空间拓展和生态财富增长。

4. 海岛资源环境临界超载且加剧区

严格无居民海岛及周边海域开发的准入制度，严格落实生态用岛要求，开展海岛生态建设工程。

二、蓝色预警区（海洋资源环境损耗趋缓的临界超载区）

（一）限制措施

（1）总体要求：对蓝色预警区开展定期监测和巡查，严肃查处违法违规用海行为，切实加强保护力度。

（2）产业政策：建立严格产业准入制度，禁止产业结构调整指导目录中限制类、淘汰类项目以及产能严重过剩行业新增产能项目审批。依据海岸带地区陆域和海域资源环境承载能力，确定区域"两高一资"等行业规模限值。

（二）激励措施

产业政策：为蓝色预警区产业结构调整和提质增效制定财税、金融等方面的优惠政策。推进海洋经济示范区建设。

（三）分类施策

1. 海洋空间资源临界超载且趋缓区

（1）遏制增量：严格实施围填海总量控制和自然岸线总量制度，核查疑点疑区用海行为，对违法违规用海项目一律清退。

（2）消化存量：制定并实施围填海存量使用管理办法，对长期填而不建区，优先实施沿岸防护林、滨海湿地等生态建设工程。引导高附加值产业、战略性新兴产业和产业链上游项目等向已围填海区集聚。

（3）生态用海：对在建的海洋和海岸工程，严格按照生态用海要求，加强跟踪监测和后评估；对拟建的海洋和海岸工程等用海项目，项目设计必须包含生态建设和生态监测内容，首先开展生态补偿性整治修复或生态建设，再开展项目工程建设。

2. 海洋渔业资源临界超载且趋缓区

（1）总量控制：完善海洋捕捞业准入制度，进一步清理违规渔具和"三无"渔船。核定近海养殖容量，严格控制近岸养殖规模、结构和布局。

（2）生态养殖：大力发展水产健康养殖，加强养殖池塘改造。大力发展碳汇渔业，引导近岸海水养殖区向离岸深水区转移。扩大增殖放流规模，支持建设人工鱼礁和海洋牧场。

（3）资源养护：加强海洋渔业资源养护和栖息地保护，严格水产种质资源保护区管理；因地制宜开展人工鱼礁、增殖放流等渔业资源养护工程。

3. 海洋生态环境临界超载且趋缓区

（1）污染防治：对海洋环境临界超载区，严格近岸海域水质和河流入海断面水质的联动监督和考核；严格落实海岸带地区总氮总磷排放削减目标责任制。

（2）生态保护：对海洋生态临界超载区，严格落实海洋生态红线制度，严守自然岸线控制要求，合理设立滨海湿地相关资源利用的强度和时限。

（3）整治修复：实施环境改善型整治修复工程、生态改良型生态建设工程，争取实现环境质量改善、生态空间拓展和生态财富增长。

4. 海岛资源环境临界超载且趋缓区

严格无居民海岛及周边海域开发的准入制度，严格落实生态用岛要求，开展海岛生态建设工程。

第四节 海洋资源环境承载能力可载区域管控政策

海洋资源环境可载区域，也就是无警区域，管控政策以激励政策为主，包括产业激励政策、生态激励政策、民生激励政策、金融激励政策等。

一、产业激励措施

在国家重大规划、重大产业、重大项目、重大工程布局中，根据实际情况予以优先考虑，保障项目用海、用地等。同等条件下，中央预算内投资安排和专项建设基金贷款予以重点倾斜。推进海洋经济示范区建设，优先支持战略性新兴产业和生态保护型旅游业在本地区的发展；拓展外海养殖空间，扩大海洋牧场立体养殖、深水网箱养殖规模，建设海洋渔业优势产业带。

二、生态激励措施

支持建立多元化生态保护补偿机制，扩大补偿范围，合理提高补偿标准。完善生态保护成效与资金分配挂钩的激励约束机制，研究采取专项转移支付等方式，实施"以奖代补"。针对重点生态功能区，通过提高均衡性转移支付系数等方式增加转移支付。

优先支持未超载区域依托滨海湿地等建设国家公园、海洋公园等，加强各类各级海洋保护区管理能力建设；加大区域海洋生态环境整治修复的国家财政投资力度，提升区域生态环境品质，打造生态安全屏障。

加大自然保护地、生态体验地的公共服务设施建设力度，开发和提供优质的生态教育、游憩休闲、健康养生养老等生态服务产品。

三、民生激励措施

政府精准扶贫资金优先向资源环境未超载区倾斜，加大对污水和固废处理能力、减灾防灾能力、公共服务设施建设等的财政投资力度，开发和提供优质的生态服务产品，打造公众亲海岸线和空间。

四、金融激励措施

推行绿色信贷，引导商业性银行按自愿环境承载能力等级调整区域信贷投向，鼓励信贷投放向未超载地区和超载情况明显改善地区的项目提供贷款，优先支持上述地区符合条件的企业发行债券融资。

第八章 海洋资源环境承载能力监测预警长效机制

第一节 海洋资源环境承载能力监测预警业务设计

建立资源环境承载能力监测预警工作机制是党的十八届三中全会提出的一项新的改革举措，是测度经济社会可持续发展水平，并对超出或即将超出资源环境承载能力的人类开发活动提出预警并进行科学调控的重要管理抓手。2017年9月20日，中共中央办公厅、国务院办公厅印发了《关于建立资源环境承载能力监测预警长效机制的若干意见》，要求推动实现资源环境承载能力监测预警工作规范化、常态化、制度化，引导和约束各地严格按照资源环境承载能力谋划经济社会发展。海洋资源环境承载能力监测预警工作是全国资源环境承载能力监测预警工作的重要组成部分，是海洋领域落实依法管海、从严治海的重要管理技术抓手。在国家对资源环境承载能力监测预警工作的总体要求下，如何落实海洋资源环境承载能力监测预警长效机制，是海洋综合管理亟待解决的重要问题。

一、海洋资源环境承载能力监测预警业务设计总体思路

海洋资源环境承载能力监测预警业务设计要紧密围绕国家生态文明建设战略和海洋强国建设战略部署，以健全海洋生态文明建设制度体系为主导，构建科学合理的海洋资源环境承载能力监测、预警指标体系和评价方法。整合原国家海洋局、原国土资源部、原环境保护部、原农业部等相关部门的海洋资源环境监测网络体系，建成数字化、网络化、智能化的海洋资源环境承载能力监测预警技术平台。建立海洋资源环境承载能力监测预警工作机制，形成国家、省、市、县四级一体化的国家海洋资源环境承载能力监测预警体制。部署开展典型地区试点示范和全国海洋资源环境承载能力评价研究，探索制定配套的政策引导机制和海岸带空间开发风险防控制度，促进海洋资源节约利用、海岸带空间开发格局优化、海洋生态环境保护，为努力建设海洋强国和实现中华民族永续发展提供坚实保障[82-84]。

海洋资源环境承载能力监测预警业务设计的基本原则包括：①立足现有基础，谋划长效机制。充分利用已有海洋资源环境承载能力监测预警工作获取的数据、工作平台及研究基础，谋划海洋资源环境承载能力评价与监测预警机制建设的长效机制。②跨部门统筹，注重统一管理。在系统梳理现有相关工作的基础上，统筹原国家海洋局、原国土资源部、原农业部相关工作，统一技术标准规范，建立统一管理与分级管理（国家级、省级、地（市）级、县级）相结合的专业化监测管理系统及统一信息服务平台。③边建设，边运

行。一边建设海洋资源环境承载能力监测预警业务体系，包括业务支撑技术团队建设、监测预警技术方法完善、监测预警业务运行体系建设，监测预警业务成果应用机制构建等；一边开展海洋资源环境承载能力监测预警业务工作试运行，在运行过程中寻找海洋资源环境承载能力监测预警业务技术问题，在建设过程中针对具体问题，探索研究解决方法与途径。

二、海洋资源环境承载能力监测预警业务组织体系设计

根据国家提出的"全国性和区域性资源环境承载能力监测预警评价结论，要与省级和市县级行政区资源承载能力监测预警评价结论进行纵向会商"要求，全国海洋资源环境承载能力监测预警业务化工作应由国家相关部委统一组织。设立由海洋生态、海洋环境、海洋渔业、海域监管、海岛领域专家组成的国家专家指导工作组，负责技术方法完善、技术规范编制、技术指导与培训、工作方案制定、监测预警成果集成、监测预警结论纵向会商等工作。

在国家和地方设立两个海洋资源环境承载能力监测预警业务工作体系，国家层面负责管辖海区的区域性海洋资源环境承载能力评价预警工作，海区海洋资源环境承载能力评价预警报告上报国家海洋资源环境相关部委；同时依托国家海洋资源环境相关部门下属的海洋环境监测中心站，设立35个海洋资源环境承载能力监测技术工作组，负责各自监测海域的海洋生物/生态、海洋环境、海洋渔业、海域海岸线、海岛等数据的定期监测，并将监测数据提交给各自海区的评价预警工作组[120]。

在地方层面，依托省级海洋环境监测机构，设立地方海洋资源环境承载能力评价预警工作组，负责各省级行政区管辖海域的海洋资源环境承载能力监测预警工作，编制各自省级行政区海洋资源环境承载能力监测预警报告，上报所属省级人民政府和国家海洋资源与环境主管部门；同时依托市县级海洋环境监测机构，设立地方海洋资源环境承载能力监测技术工作组，负责各自监测海域的海洋生物/生态、海洋环境、海洋渔业、海域海岸线、海岛等数据的定期监测，并将监测数据提交各自省级的评价预警工作组。

国家专家指导工作组综合分析同一区域的国家海洋资源环境承载能力监测预警报告和地方海洋资源环境承载能力监测预警报告，进行相互校验，并组织相关专家对评价结果进行纵向会商，形成一致性评价结论后提交国家海洋资源环境主管部门对外发布。海洋资源环境承载能力监测预警业务工作组织体系见图8-1。

三、海洋资源环境监测方案综合协调机制设计

基于现有分类监测体系，根据资源环境承载能力需求，统筹优化海域动态监视监测、海洋渔业资源调查、海洋生态环境监测、海岛监视监测及海洋经济运行监测等的业务化工作方案和站网建设，增设海洋资源环境承载能力监测预警专项内容。监测指标设置应满足

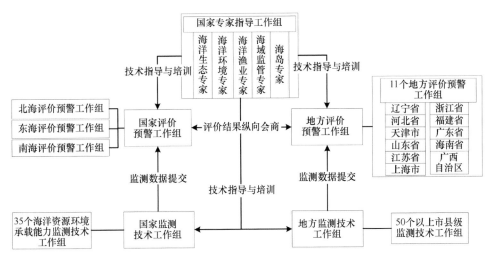

图 8-1　海洋资源环境承载能力监测预警业务工作组织体系

区域海洋资源环境承载能力及人为活动影响机制分析等要求，站点布设和时间频率满足县级行政区及典型生态系统评估要求，并对主要超载要素及相关人为活动开展实时动态监控。

　　根据海洋资源环境承载能力定期全覆盖评估需求，建立海洋资源环境、海洋开发利用和海洋经济等关键指标要素的定期普查制度，海域使用状况普查每5年一次，海洋经济普查每5年一次，海洋污染基线普查每10年一次，海洋生态本底普查每10年一次。实现常规监测与定期普查的有机结合，满足不同承载能力和预警等级海域的综合评估和动态预警需求。

四、海洋资源环境承载能力监测预警业务技术团队设计

　　针对海洋资源环境承载能力监测评价与预警涉及多学科的复杂工作特征，在国家层面，构建国家监测预警中心+海区监测预警中心+监测中心站相融合的国家级海洋资源环境承载能力监测预警业务技术团队，并将团队划分为水质监测评估工作组、生物生态监测评估工作组、渔业资源监测评估工作组、海域海岛遥感监测评估工作组和集成预警工作组5个分组，每个单位各分组业务技术骨干不少于2人。每个分组由各领域的专家领衔，负责本领域监测评价技术方法完善、业务化工作方案制定，技术骨干培训、业务指导等工作。每年至少举办一次全国海洋资源环境承载能力监测预警技术交流培训活动，通过定期开展技术交流培训，提升海洋资源环境承载能力监测评价预警工作的技术与技能水平。在地方层面，构建"省级监测预警中心+市级监测预警中心+县级监测中心"相结合的海洋资源环境承载能力监测预警地方业务技术团队，每级技术团队应分别由海洋环境科学、海洋生物生态学科、海洋开发管理学科、海洋渔业资源学科、海域海岛遥感监测学科等专业技术人员组成，分别负责各自专业领域的监测预警业务技术工作。

五、海洋资源环境承载能力监测预警技术规范制定与完善

在 2016 年国家发展改革委员会发布的《资源环境承载能力监测预警方法（试行）》的基础上，进一步完善海洋资源环境承载能力监测预警技术方法，制定海洋资源环境承载能力监测预警技术标准体系。系统梳理海域使用动态监测、海洋渔业资源调查、海洋环境监测、海洋生态调查、无居民海岛资源环境监测等要素监测、调查的技术规范和数据基础，按照《资源环境承载能力监测预警方法（试行）》的总体思路，对接陆地资源环境承载力监测预警方法，完善建立全覆盖、常态化、动态化的海洋资源环境承载能力监测调查网络体系，实现由海洋资源环境调查监测到海洋资源环境承载能力监测预警的重大转变。

（一）海洋资源环境承载能力监测预警技术方法的局限性分析

海洋资源环境承载能力监测预警技术方法主要是基于现有的海洋功能区划环境质量要求、生态红线中的岸线及海域保护要求、围填海管控指标、生态系统健康评价等要素，依据"短板"效应来整合集成，对于海洋开发保护中的科学决策支撑能力较弱。主要表现在以下两个方面。

（1）目前的方法体系主要来源于现有的资源环境约束管理，侧重于从严管制，有效激励还不够。评价结果是超载类型和预警等级，二者只是从现状和趋势方面起到管理约束作用，而对于管理者在识别区域潜在承载能力，以及提高承载能力，在承载能力允许范围内促进社会经济发展这些重要的管理支撑工作尚未涉及。

（2）区域针对性不足。樊杰指出"开展资源环境承载能力评价很难存在统一的指标体系，采用差异化指标体系对承载能力进行科学认知不失为合理且具有效率的研究方法"。目前，虽然根据主体功能区类型对不同的区域的评价指标体系进行了粗分，但是海洋主体功能区除了自然保护区之外，近岸海域基本为优化开发区，分级分类尚不足以体现区域特征，距离构建差异化指标体系还有较大距离。

（二）海洋资源环境承载能力监测预警技术方法优化思路

1. 构建多参数多目标评价体系

目前的评价体系只是从严格限制角度来开展资源环境承载能力评价和管理引导。《关于建立资源环境承载能力监测预警长效机制的若干意见》中提到，建立资源环境承载能力监测预警长效机制，要"从严管制和有效激励相结合"。下一步需要加强有效激励，在保护和约束的同时，也需要通过资源环境承载能力评价工作，促进地方政府采用一系列的管理措施，包括改善投资环境、改善基础配套条件等，充分和高效利用闲置资源环境，提高承载社会经济发展的能力，用发展来解决资源环境问题。

目前的超载评价主要基于管理合规性，考虑到管理指标的区域适用性和针对性不足，从承载力概念的科学角度而言，超载必须要与社会经济挂钩，超载阈值往往也不是骤变点，而是一个范围。因此超载也需要从合规性拓展到区域发展的限制性，构建承载能力评价的多参数、多目标组合，包括承载力大小和风险评价，承载力大小主要表征承载的社会经济的量，风险则表征超载的可能性，可以认为是承载力的质。并且明确管理问题中哪些是与资源环境承载能力直接相关的，哪些并不是严格意义上的资源环境承载力问题。

2. 加强区域特征性评价

由于资源环境禀赋和社会经济发展的巨大差异，海洋资源环境承载能力评价需要有针对性，并直接对应于管理需求。开展海洋资源环境承载能力评价是为了衡量自然资源环境与人类经济社会活动之间的相互关系，并用于指导可持续发展。一般而言，养殖业、旅游业与自然资源环境的关系紧密，而对于一般的城镇和工业区，海洋资源环境往往只是支撑和影响因素，需要根据区域自然资源环境与社会经济发展的相关性来进行分类考虑。

海洋资源环境承载能力监测评价指标体系包含了海域空间资源、海洋渔业资源、海洋生态环境和海岛资源环境4大基本要素和7个评价指标，并结合主体功能区规划类型，对不同的区域开展专项评价。但是并不能囊括所有的与区域资源环境承载能力相关的因素，如景观优美度是滨海风景旅游区综合承载能力的关键要素，港口航道的淤积情况是决定交通承载能力的关键要素，养殖适宜性是渔业资源承载能力的重要组成部分，这些都与区域的可持续发展密切相关，但是没有纳入试行方法指标体系中，需要在方法体系上容纳这些关键性特征指标，并确定特征指标筛选原则和方法，实现区域特征性与整体可比性的统一。具体而言，需要通过资源环境对社会经济的影响机制研究、统计结果推论、专家意见咨询、利益相关者调查等方式，筛选出对评价区域当前和今后一段时间内社会经济发展具有决定性和重要性的指标构建差异化指标体系。在此基础上，研究和建立有针对性的激励和约束机制，引导各地按照资源环境承载能力谋划经济社会发展，推进构建更科学、高效的资源环境承载能力监测预警长效机制。

第二节 海洋资源环境承载能力监测预警信息系统

依托海洋环境监督管理信息系统，建立海洋资源环境承载能力监测预警信息系统，将海洋生态环境、海域空间资源、海岛资源环境、海洋渔业资源、海洋经济运行等监测成果纳入系统，并拓展其应用分析功能，实现海洋资源环境承载能力监测预警数据互联互通，资源共享。开发海洋资源环境承载能力监测预警及辅助决策模块，实现海洋资源环境承载能力监测预警数据管理、动态评估和预警、辅助决策及信息产品加工和发布等，并将其部署至沿海地市级以上海洋资源环境主管部门及监测机构。

一、海洋资源环境承载能力监测预警数据库设计

海洋资源环境承载能力监测预警数据库以 SQL Server 数据库为平台支撑，通过 ArcSDE 空间数据库引擎配合前端 ArcGIS Engine 中强大的数据库管理组件，对存放在数据库中的空间数据进行存储、调度和更新，且提供对空间数据库中的数据进行多用户并发访问，支持数据库版本管理，实现对评价指标的可视化评估和管理。

海洋资源环境承载能力监测预警专项数据库采用空间分布式构建，以县级行政区管辖海域为单元，将全国近岸海域划分为 236 个空间单元。每个评价单元包括海洋生态数据库、海洋环境数据库、海洋渔业数据库、海域开发数据库、海岸线开发数据库、海岛开发与保护数据库、海洋管理数据库等。

（1）海洋生态数据库，包括浮游植物数据集、浮游动物数据集、大型底栖动物数据集，每个数据集包括生物密度、生物量和生物多样性指数 3 个指标。每个指标设立时间轴，用于记录不同时间的调查值。同一区域的同一指标在同一时间内获取的各站位调查值取区域平均值。

（2）海洋环境数据库，包括无机氮（DIN）、活性磷酸盐（$PO_4^{3-}-P$）、化学需氧量（COD）、石油 4 个指标，每个指标根据海水水质标准划分为一类、二类、三类、四类及劣四类 5 个等级。每个指标设立时间轴，用于记录不同时间的调查值。同一区域的同一指标在同一时间内获取的各站位调查值采用空间插值的方面获取水质面状数据值。

（3）海洋渔业数据库，包括游泳动物数据集、鱼卵与仔稚鱼数据集，游泳动物数据集包括渔获物种类、渔获物种类捕捞量；鱼卵与仔稚鱼数据集包括鱼卵密度、仔稚鱼密度。每个指标设立时间轴，用于记录不同时间的调查值。同一区域的同一指标在同一时间内获取的各站位调查值取区域平均值。

（4）海域海岸线数据库，包括海岸线开发数据集和海域开发数据集，海岸线开发数据集包括港口码头岸线、工业城镇岸线、灾害防护岸线、围塘堤坝岸线和自然岸线，采取矢量数据形式存储；海域开发数据集包括填海造地、围海、开放式用海、非透水构筑物用海、透水构筑物用海登，也采用矢量数据形式存储[3]。

（5）无居民海岛保护与利用数据库，包括无居民海岛海岸线数据集、无居民海岛开发利用数据集和无居民海岛植被覆盖数据集。无居民海岛海岸线数据集包括人工海岸线和自然海岸线长度；无居民海岛开发利用数据集包括无居民海岛基础设施与公共服务用地、坑塘养殖用地以及耕地、园地和经济林等；无居民海岛植被覆盖数据集包括无居民海岛植被覆盖区面积，以上数据均为矢量形式存储。

（6）海洋管理数据库，包括海洋功能区划数据、海洋主体功能区规划数据、海洋生态红线数据、海洋保护区数据等，以上数据均为矢量形式存储。

（7）其他数据库，包括海洋灾害数据集、海洋经济数据集，海洋灾害数据集主要包括海洋赤潮发生次数，海洋经济数据集主要为县级行政区年度经济产值。

各监测技术工作组定期将监测数据上传至数据库，为评级预警工作组开海洋资源环境承载能力评价预警提供基础数据。海洋资源环境承载能力监测预警数据库基本结构形式见图 8-2。

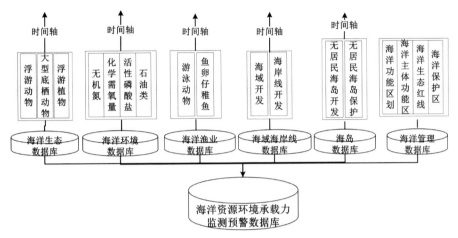

图 8-2　海洋资源环境承载能力监测预警数据库基本结构

二、海洋资源环境承载能力监测预警软件模块设计

海洋资源环境承载能力监测预警软件模块主要利用海洋资源环境承载能力监测预警技术方法，开发基于 ARCGIS、Supermap 等主流 GIS 平台软件的综合评价软件，评价软件分为基础评价模块、专项评价模块、过程评价模块、集成评价模块和辅助决策模块 5 部分（图 8-3）。

（1）基础评价模块：以县级行政区管辖海域为评价单元，以海洋资源环境承载能力监测预警数据库为输入，进行海洋空间资源、海洋渔业资源、海洋生态环境、无居民海岛 4 项基础评价，每项基础评价结果划分可载、临界超载、超载 3 个等级。

（2）专项评价模块：分别以重点建设用海区、海洋渔业资源保障区、海洋重要生态功能区为评价单元，以海洋资源环境承载能力监测预警数据库为输入，开展海域开发强度、渔业资源密度、保护对象变化率等专项评价，评价结果分为可载、临界超载和超载 3 个等级。

（3）过程评价模块：以基础评价、专项评价结果为临界超载和超载区域的县级行政区海域空间为评价单元，以海洋资源环境承载能力监测预警数据库为输入，开展海域/海岛开发效率变化、优良水质比例变化、赤潮灾害频次变化过程评价，评价结论分为趋缓型和加剧型。

（4）集成评价模块：以县级行政区管辖海域为评价单元，以基础评价、专项评价、过程评价结果为输入，开展预警等级集成评价，评价结果为极重警（红色预警）、重警（橙色预警）、中警（黄色预警）、轻警（蓝色预警）和无警 5 个等级。

（5）辅助决策模块：主要实现海洋资源环境承载能力监测预警辅助决策及信息产品加工和发布等，并与全国资源环境承载能力监测预警信息系统的对接。

主要监测预警结果可视化展示包括：①专题图制作，根据海洋资源环境承载能力监测预警结果，对指标计算结果和评价结果进行符号化、渲染、统计和分级设色等，实现区域统计预测和预警的专题分析，构建海洋资源环境承载能力评价专题成果集，使得专题化后的指标结果，既突出表达评价要素，又使其呈现空间分布的特点。②图标制作，系统利用地域比较分析、趋势性分析和多维统计分析方法对指标结果数据进行图表分析。将时间跨度、地理区域和指标结果作为因素变量，控制单个因素变量，分析单个区域指标结果的分布以及多个区域指标结果的走势和对比，直观体现指标结果的时间和区域分布。③三维展示，使用三维视图，结合空间查询方法和三维图表，以指标结果作为数据输入，将空间数据和评价指标结合，实现三维地图与三维图表的实时联动，使指标评价呈现空间立体化的特点。

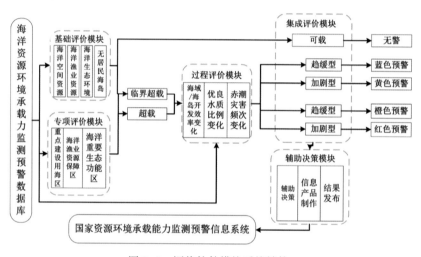

图 8-3　评价软件模块系统结构

第三节　海洋资源环境承载能力监测预警结果长效应用

海洋资源环境承载能力是衡量海洋可持续发展的重要基础，可根据海洋资源与环境的实际承载力，科学制定各类海洋空间规划/区划，划定海洋生态红线，实施海洋生态补偿与修复，开展自然资源与生态环境督察，落实湾长制等海洋资源环境管理新制度等。从而更好地解决沿海经济发展、资源配置与海洋生态环境承载能力之间的平衡与协调问题，以实现海洋生态系统的良性循环，促进沿海社会经济的可持续发展。

一、海洋空间规划/区划

根据国土空间用途管制要求，将海洋资源环境承载能力监测评估预警工作与海洋主体功能区规划、海洋功能区划、海岸带综合保护与利用规划等海洋空间用途管制制度有机结合。在规划/区划编制阶段，依据海洋资源环境承载能力监测评价预警结果，合理确定各功能区的开发强度，制定资源环境管控红线和管控要求。在区划/规划实施阶段，通过海洋资源环境承载能力监测评价与预警工作，跟踪评估区划/规划实施的海洋空间用途管控效果，对不符合区划/规划管控要求的区域提出预警与整改要求。同时根据海洋资源环境承载能力评估预警结果，合理调整优化产业规模和布局，引导各类市场主体在海洋资源环境承载能力之内谋求发展[168,176]。

二、海洋生态红线划定

以海洋资源环境承载理论体系为基础，可以更加清晰地量化海洋的特征属性以及开发现状和潜力，通过生态阈值点评价和量化海洋资源利用上限、环境容量底线和生态保护红线。从承载体、承载对象和承载率三要素出发，科学评价特定区域资源环境超载问题的根源和症结，制定差异化、可操作的限制性措施，严格控制开发强度，在数量、质量和生态并重的格局下，确定一个地区一定时期内的海洋资源环境承载能力阈值，以此为理论基础从空间上识别和划定海洋生态红线，并依据生态阈值带的评估结果制定差异化的管控措施，完善海洋生态红线制度，从而将海洋经济及社会活动限制在资源环境承载力的可载范围，倒逼涉海经济的发展质量和效益提升[65]。

三、海洋生态补偿与生态修复

将海洋资源环境承载能力监测评价预警工作与海洋生态补偿制度有机结合，实施分区分类的海洋生态保护补偿与修复制度。对于海洋保护区、生态敏感区、生态脆弱区等承载能力弱且目前评价为可载的区域，加大国家财政转移补偿力度，促使其更好地保护珍稀、脆弱、敏感的海洋资源环境；对于重点开发建设区，且目前评价为超载的区域，责成责任人或部门筹集资金开展超载区域资源环境整治修复，逐步降低超载压力[57]；对于区域性超载问题，由主管部门和市县级人民政府筹集海域使用金等多元资金，开展整治修复，恢复资源环境承载能力。

四、"湾长制"等海洋管理新制度

将海洋资源环境承载能力监测预警工作与"湾长制"紧密衔接，由湾长组织开展大湾区海洋资源环境承载能力监测预警工作，并根据评价结果实施区域差异性的管控政策。对于因陆源污染排放引起的超载区域，建立"湾长制"与"河长制"衔接机制，由湾长负责组织开展大湾区的海洋环境容量，并根据海洋环境容量制定陆源排污控制总量[140-141]。在重要陆源入海排污口和入海河流建立监测断面，实时监测陆源污染物入海排放量，对于超标排放的陆源入海排污口加大排污税征收；对于超标排放的入海河流，由河长负责落实河流入海污染物消减和入海排污生态补偿。对于因开发利用活动引起的超载区域，由湾长负责制定大湾区海洋保护与利用规划，严格控制超载的人类开发利用活动，通过削减产能、整治修复等途径逐步降低区域的超载压力。

五、自然资源资产管理与追责

将海洋资源环境承载能力评估预警结论纳入海洋自然资源资产价值及其产品价格形成机制，根据区域海洋资源环境承载能力监测评估结果，合理确定海域、海岛、海岸线海洋自然资源资产价值，构建反映区域海洋资源环境承载能力和资源稀缺程度的海洋空间资源市场交易价格决策程序，为海域海岛有偿使用等制度的优化完善提供支撑[200]。

同时，将海洋资源环境承载能力评估预警结论纳入沿海地区领导干部绩效考核和离任审计体系，根据领导干部任期内海洋资源环境承载能力状态变化，明确领导干部的海洋资源环境保护责任，并对海洋资源环境超载区域的领导干部进行责任追溯。

六、生态环境与自然资源督察

根据海洋资源环境承载能力监测预警结果，有针对性地制定海洋督察、环境督察实施方案，重点对长期超载区域进行动态督察，督促相关地区转变发展方式，降低资源环境压力。超载地区要根据超载状况和超载成因，因地制宜制定治理规划，明确资源环境达标任务的时间表和路线图。开展超载地区限制性措施落实情况监督考核和责任追究，对限制性措施落实不力、资源环境持续恶化地区的政府和企业等，建立信用记录，纳入全国信用信息共享平台，依法依规严肃追责。

第九章　长江口及邻近海域资源环境承载能力评价预警实践

第一节　长江口及邻近海域资源环境概况

长江口及邻近海域包括江苏、上海、浙江近岸海域。改革开放以来，海洋为本区域经济和社会发展提供了丰富的资源和广阔的空间，并且随着长江经济带特别是长三角地区经济快速发展、人口迅速增加和城市化进程加深，海洋强国建设战略全面实施，海洋资源环境在国家经济社会发展全局中的战略地位日益凸显。本地区目前处于产业及发展转型升级的关键时期，面临着提高自主创新能力、缓解资源环境约束、着力推进改革攻坚等方面的繁重任务。长江口及邻近海域资源环境和社会经济发展基本情况，以及海洋资源环境保护与利用中存在的主要问题分析如下。

一、长江口及邻近海域资源环境基本概况

长江口及邻近海域具有丰富的海涂、生物、深水岸线、能源与旅游等资源，其资源优势包括：①丰富的滩涂资源。本区域是我国滩涂资源最丰富的区域，由于滩涂具有淤涨的特征，每年都会出现更多可用于围垦的土地，且水深浅、周边城市人口密集，是围填海建设的重点区域；②交通区位优势明显，浙江海域特别是海岛周边深水岸线资源丰富，是我国港口航运及港口工业高密度区，并呈现蓬勃发展的态势；③生物资源丰富，拥有种类繁多的植被及底栖动物，生态系统具有较高的净初级生产力，更有丰富的渔业资源和滩涂养殖条件；④旅游资源丰富，由于依托于近海和长三角城市群，海岸带及海岛可开发的旅游资源较多，有利于开展各类生态旅游项目；⑤海洋可再生资源丰富，包括风能、潮汐能、潮流、温差、盐差、波浪能等丰富的可再生资源；⑥矿产资源丰富，包括海砂、海盐、原油及天然气等矿产资源，目前开发程度有限。

（一）江苏省

江苏管辖海域为黄海南部及东海的北端海域，管辖海域面积约为 34 766.15 km²，海岸线长 954 km。江苏海岸类型有基岩海岸、砂质海岸和淤泥质海岸等，以粉砂淤泥质海岸为主。近海是水浅底平型海床，浅海面积占全国浅海面积的1/5。在江苏沿海中部，分

布有全国首屈一指的海底沙脊群——辐射状沙洲，面积约 1 268.38 km²。江苏省海岛数量总体较少，海岛资源尤其珍贵，当前开发利用多以军事设施、简易码头以及公益性设施为主。江苏海洋资源种类繁多，拥有港航、土地、生物、旅游、盐化工和油气资源。江苏沿海有港航资源 10 多处。沿海滩涂面积约 5 100 km²。南黄海石油地质储量约 70 亿 t。近海还拥有全国八大渔场中的海州湾渔场、吕泗渔场、长江口渔场和大沙渔场。海洋资源综合指数列全国第四。

自 2009 年江苏沿海开发上升为国家战略以来，江苏全面加强海洋开发、管理和保护，全省海洋经济呈现总量提升、结构优化、动力增强的稳健发展态势，成为国民经济重要的增长点。全省海洋生产总值由 2012 年的 4 723 亿元上升至 2016 年的 7 000 亿元，年均增长 10%。2015 年以后，海洋服务业占比超过海洋第二产业，海洋主导产业优势突出。江苏海洋经济发展也面临一些突出问题和挑战，主要是海洋经济规模总量偏小，产业质态相对落后；海洋港口布局相对分散，港产城一体化发展有待提升；海洋科技力量分散，创新短板亟待弥补；海洋生态环境压力较大，开发保护矛盾突出。

（二）上海市海域海洋资源环境概况

上海地处我国 18 000 km 海岸线与长江水道黄金交汇点，濒江临海，交通便利，腹地广阔，是我国经济中心城市，国际著名港口城市，长三角城市群的核心。上海海域面积 10 755 km²，上海市岸线总长约 518 km（不含无居民海岛），其中大陆岸线长约 211 km。拥有崇明、长兴和横沙 3 个有居民岛以及大金山岛、小金山岛、佘山岛和九段沙等无居民海岛，港口航道、滩涂湿地、海上风能等海洋资源较为丰富。2014 年上海市-5 m 高程线以上滩涂资源总面积为 2 232.3 km²，滩涂资源主要分布在长江口，杭州湾北岸滩涂仅占 1.7%。其中，0 米线以上滩涂资源面积为 751.6 km²，0～5 m 线以上滩涂资源面积为 1 480.7 km²。

上海海洋经济总量保持平稳增长，海洋生产总值从 2010 年 5 224 亿元增长为 2015 年约 6 513 亿元，海洋生产总值年均增速为 5.7%，连续多年保持全国第三位。上海国际航运中心建设取得明显进展，2015 年上海港货物吞吐量达到 7.17 亿 t，位居世界前列，其中集装箱吞吐量达到 3 653.7 万标箱，继续保持全球首位。2015 年，到港邮轮与旅客吞吐量分别为 341 艘次和 164.3 万人次，已成为全球第八大邮轮港。海洋产业布局向沿海区域转移，基本形成了以洋山深水港区、长江口深水航道为核心，以临港新城、外高桥和崇明三岛为依托，与江浙两翼共同发展的区域海洋产业格局。

（三）浙江省海域海洋资源环境概况

浙江省地处中国东南沿海、长江三角洲南翼，海域广阔、岸线曲折、港湾众多、岛屿星罗棋布，是一个海洋大省。浙江沿海港口资源的地域分布较为均匀，共有宁波—舟山港、温州港、台州港和嘉兴港 4 个主要沿海港口，目前沿海港口已经形成了以宁波—舟山港为中心，浙南温台港口和浙北嘉兴港为两翼的发展格局，其中宁波—舟山港和温州港已被交通运输部列入全国沿海 24 个主要港口行列。浙江省海域共有海岛 4 000 余个，数量居全国第一，且大都是海洋生态重要功能区，是珍稀濒危物种、生物多样性分布、渔业资源以及海岛旅游资源相对集中的区域。

近年来浙江省海洋经济发展迅速，占国民经济的比例越来越重，已成为经济发展的另一支撑点。2015 年，海洋生产总值为 6 180.4 亿元，是 2006 年的 3.1 倍，比上年同期增长 7.3%，浙江省海洋产业类型逐渐升级，第三产业占比越来越大，海洋传统产业和海洋新兴产业共同发展，但从总体情况上看，受宏观经济下行压力的影响，海洋经济增速放缓。

二、长江口及邻近海域资源环境存在的主要问题

随着沿海地区经济的快速发展，海洋开发活动的日趋活跃，近岸海域资源环境承受了越来越大的压力，制约本地区海洋经济长期、持续、快速发展的海洋环境问题也逐渐凸显，保护和建设相对滞后的脆弱的海洋生态环境面临着日益严峻的考验，主要表现在以下两方面。

（1）陆源污染压力大，海洋生态系统日趋脆弱。长江经济带海域由于受流域入海的无机氮、活性磷酸盐等的影响，海域水体富营养化程度高，近岸局部海域污染较为严重。长江、钱塘江、淮河、瓯江等流域入海污染物排放量大、沿海乡镇生活污水处理率低、入海排污口超标情况严重、农渔业面源污染，都是近岸大部分海洋功能区环境质量不能满足功能需要，赤潮等生态灾害频发的重要原因。严重污染海域主要分布在江苏盐城、长江口、杭州湾、宁波象山港、温州瓯江口等近岸海域[177]。此外，沿海地区围填海工程和港口航运等开发活动，造成沿海滨海湿地大面积减少，近海海域生态系统自修复能力减弱，部分区域生物多样性降低，生态系统处于亚健康状态，生态服务功能下降趋势明显。海上船舶溢油和沿海工业区化学品泄漏事故风险较高，海洋环境保护形势严峻

（2）用海需求不断增大，海洋资源"瓶颈"日益突出。随着"一带一路"、长江经济带等国家战略的实施，对港口用海需求将有较明显的增长。沿海涉海工业建设方面，为加快海洋供给侧改革，优化海洋产业结构，发展战略性新兴海洋产业，沿海各大开发区用地用海需求也将大幅度增加[60]。滨海旅游方面，旅游港口等相关旅游基础设施的建设，各沿海县市对用地用海的需求也将有所增加[61]。海域、滩涂、岸线等资源呈现出区域性、结构性紧缺，资源有限性和开发低效性的矛盾日益突出。此外，海洋资源环境综合整治涉及多个管理部门和多个区域政府，区域协调、海陆联动等方面相对复杂与困难，仍然存在未严格按照海洋功能区划有序、适度、合理地使用海洋资源的现象。目前，海洋经济以滨海旅游业、海洋交通运输业及养殖业等传统产业为主，海洋先进制造业、海洋现代服务业和海洋新兴产业的比重较低，海洋高新技术产业发展水平和资源综合承载力有待提升。

三、长江口及邻近海域资源环境承载能力评价范围与数据来源

长江口及邻近海域评价范围涵盖江苏省、上海市和浙江省所辖近岸海域，根据《江苏省海洋功能区划（2011—2020 年）》、《上海市海洋功能区划（2011—2020 年）》和《浙江省海洋功能区划（2011—2020 年）》，江苏省、上海市和浙江省各海洋功能区面积统计参见表 9-1。以江苏省、上海市和浙江省沿海县级行政区所辖海域划分基本评价单元，县级海域边界依据已批复的海域勘界资料，并将海域面积较小的部分市辖区各县级行政区进行归并，共划分为 43 个评价单元（表 9-2）。

表 9-1　江苏省、上海市和浙江省各海洋功能区面积统计　　　　单位：km²

海洋功能区类型	农渔业区	港口航运区	工业与城镇用海区	矿产与能源区	旅游休闲娱乐区	海洋保护区	特殊利用区	保留区
江苏省	22 682	1 351	1 389	0	86	239	106	2 702
上海市	2 180	4 558	13	190	44	1 246	31	1 252
浙江省	28 801	3 733	1 021	10	612	4 925	132	4 719

表 9-2　长江口及邻近海域资源环境承载能力评价单元

省（直辖市）	市	评价单元名称	评价单元编码	管辖海域面积（100 hm²）
江苏省	连云港市	赣榆区	1#	1 530
		连云港市辖区	2#	2 053
		灌云县	3#	1 311
	盐城市	响水县	4#	1 067
		滨海县	5#	2 398
		射阳县	6#	4 629
		大丰区	7#	4 569
		东台市	8#	2 900
	南通市	海安县	9#	75
		如东县	10#	4 940
		通州区	11#	397
		海门市	12#	300
		启东市	13#	2 276
上海市	上海市	宝山区	14#	72
		崇明区	15#	5 798
		浦东新区	16#	3 309
		奉贤区	17#	871
		金山区	18#	277

续表

省（直辖市）	市	评价单元名称	评价单元编码	管辖海域面积（100 hm²）
浙江省	嘉兴市	平湖市	19#	1 259
		海盐县	20#	453
	宁波市	慈溪市	21#	651
		镇海区	22#	157
		北仑区	23#	212
		鄞州区	24#	53
		奉化市	25#	78
		宁海县	26#	270
		象山县	27#	6 422
	舟山市	嵊泗县	28#	7 817
		岱山县	29#	4 803
		定海区	30#	885
		普陀区	31#	5 851
	台州市	三门县	32#	483
		临海市	33#	1 555
		椒江区	34#	1 456
		路桥区	35#	213
		温岭市	36#	1 420
		玉环县	37#	1 506
	温州市	乐清市	38#	269
		龙湾区	39#	224
		洞头县	40#	2 522
		瑞安市	41#	1 415
		平阳县	42#	1 229
		苍南县	43#	3430

　　本次试点评估年度为 2016 年，评价所用数据资料主要从历年海洋生态环境监测和保护管理、海域使用管理、海洋渔业管理、区域社会经济统计、海洋经济统计、遥感及文献资料中获取。具体情况见表 9-3。

表 9-3　评价主要数据来源

指标分类	指标	数据来源	年份
海洋空间资源	海岸线承载力指数	LANDSAT-8、HJ-1A/1B、SPOT-5/6、GF-1/2、ZY-3、海洋功能区划数据、海域使用确权数据，海洋功能区划数据	2007，2016
	海域空间开发承载力指数		
海洋渔业资源	渔业资源综合承载指数	东海区近海渔业资源专项调查，东海区产卵场专项调查，东海区常规性动态监测；《中国渔业统计年鉴》	2007~2016

指标分类	指标	数据来源	年份
海洋生态环境	海洋环境承载指数	海洋业务化监测数据、第一次全国污染普查资料、中国环境统计年鉴	2006~2016
	海洋生态承载指数	海洋业务化监测数据、环境减灾卫星数据、Landsat TM卫星数据、中巴资源卫星数据卫星遥感数据	1990，2005~2016
海岛资源环境	无居民海岛开发强度	"908"调查的卫星遥感影像和航空遥感影像，高分一号和资源三号卫星遥感影像	2007，2016
	无居民海岛生态状况		

第二节　基础评价结果

根据前文所述的海洋资源环境承载能力基础评价方法，收集相关数据开展长江口及邻近海域海洋空间资源、海洋渔业资源、海洋生态环境、无居民海岛资源环境承载力基础评价。

一、海洋空间资源承载力评价结果

（一）海岸线开发承载力指数

长江口及邻近海域毗邻海洋功能区划海岸线总长度为 3 585.8 千米，主要以农渔业、港口航运、工业与城镇建设、旅游娱乐和保留区为主，分别占到海岸线总长度的 34.9%、24.1%、22.4%、8.9% 和 6.6%。农渔业海岸线遍布除滨海城镇区域以外的多数县市；港口海岸线主要分布在连云区、北仑区、浦东新区、宝山区等港口码头建设集中海岸；工业与城镇建设海岸线分布于启东市、如东县、慈溪市、三门县、象山县等工业与城镇建设聚集的海岸。

按照海岸线人工化指数计算方法，得到长江口及邻近海域海岸线人工化指数（P_A）。在 43 个评价单元中，12#、2#、14#、16# 和 22# 人工化指数都大于 0.70，分别达到 0.82、0.74、0.75、0.71、0.75，海岸线人工化程度很高。13#、11#、18#、34#、39# 和 19# 市海岸线人工化指数分别为 0.52、0.69、0.60、0.51、0.53 和 0.67，海岸线人工化程度较高。其他的 32 个区域的海岸线人工化指数都小于 0.50，海岸线人工化程度较低。

依据海岸线承载力指数（R_1）计算和评价方法，长江口及邻近海域海岸线承载力指数评价结果见图 9-1。在 43 个评价单元中，海岸线承载力指数较高的区域有 7 个，分别是 2#、11#、12#、14#、15#、16# 和 22#，海岸线承载力指数分别达到 1.36、1.20、1.15、2.43、1.18、1.93 和 1.13，以上海市 14# 的 2.43 为最高。海岸线承载力指数处于临界超载的区域有 9 个，分别是 4#、9#、13#、17#、18#、21#、24#、25# 和 39#，海岸线承载力指数分别是 0.98、0.91、1.00、1.09、0.91、1.02、1.03、1.03 和 0.93，其中 17#海岸线承载力指数为 1.09，接近超载。其他 27 个区域海岸线承载力指数均小于 0.90，属于海岸线承载力适宜区域，其中 3#、5#、8#、10#、19#和 26#海岸线承载力指数都大于 0.80。

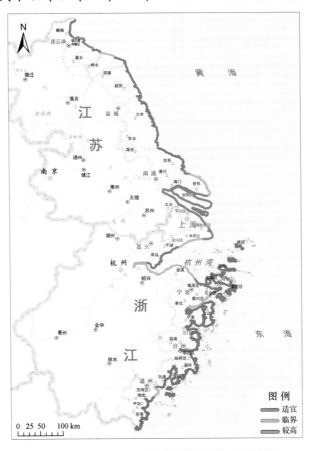

图 9-1　长江口及邻近海域海岸线承载力等级分布

（二）海域空间开发承载力指数

长江口及邻近海域开发利用总面积为 1 999.2 km²，仅占近岸海域总面积的 2.16%。海域开发利用方式主要有开放式养殖、围填海造地、围海养殖、海底电缆管道、专用航道和透水构筑物用海等 6 种，分别占到开发利用总面积的 44.0%、26.0%、12.2%、6.5%、2.9%和 2.7%。海域开发利用存在明显的空间差异，江苏南部的南通市和浙江北部的宁波市开发利用比例最高，分别占到各自海域总面积的 31.9%和 29.2%；而上海市、连云港市和台州市开发利用比例都很低，仅分别占到各自海域总面积的 0.5%、2.9%和 3.2%。另外，舟山市和温州市海域开发利用比例也分别达到 21.7%和 15.9%。

海域开发利用类型也存在明显的区域分异特点。开发利用面积最大的开放式养殖，集中分布在江苏省大丰区、如东县和东台市，分别占到区域开放式养殖用海总面积的 27.8%、24.5%和 10.0%。开发利用面积第二的填海造地，分布相对分散于各个沿海县市，如东县、慈溪市、连云港市区、启东市、临海市分别占到总面积的 8.91%、7.5%、7.0%、5.6% 和 5.8%。海域开发利用规模第三的围海养殖主要集中分布于东台市、大丰区、如东县，分别占到区域围海养殖总面积的 25.1%、21.2% 和 20.1%。区域近岸海域开发利用总体上呈现出北部江苏省以渔业开发、港口航运为主，长江口的上海市以港口航运、海底电缆管道为主，南部的浙江省以渔业开发、工业与城镇建设、港口航运为主。

按照海域开发利用强度评价方法，得到近岸海域开发效应指数（P_E）及海域开发承载力指数（R_2）及承载等级，25#、39# 海域开发效应指数明显高于区域平均水平，分别达到 0.130 和 0.128，其他区域海域开发效应指数均小于 0.10。长江经济带沿海县级行政区海域开发承载力评价标准（P_{M0}）介于 0.190~0.684。在此基础上，获得长江口及邻近海域 43 个评价单元中，江苏省 9#、浙江省 25# 和 39# 海域开发承载力指数都大于 0.15，且小于 0.30，属于海域开发承载力临界超载区域。而其他 40 个评价单元的海域开发承载力指数都小于 0.15，属于海域开发承载力适宜区域。其中 21#、23#、24#、35# 海域开发承载力指数都大于 0.10，属于海域开发承载力适宜区域中开发强度较大的区域（图 9-2）。

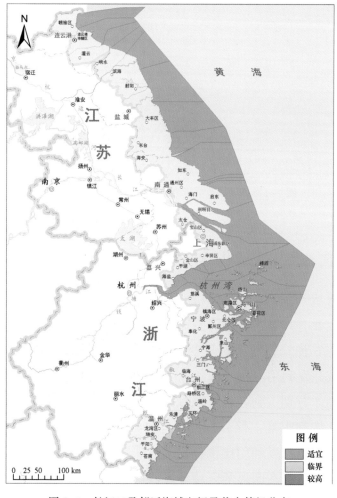

图 9-2　长江口及邻近海域空间承载力等级分布

二、海洋渔业资源承载能力评价结果

根据长江口及邻近海域渔业资源调查资料[①]，结合《中国渔业统计年鉴》中的捕捞产量，确定主要经济渔业种类29种，其中鱼类有带鱼、小黄鱼、鲳鱼、鳀鱼、棘头梅童鱼、鲐、黄鲫、龙头鱼、海鳗、鮸、白姑鱼、凤鲚、黄鮟鱇、叫姑鱼、日本须鳎、焦氏舌鳎、竹荚鱼17种；甲壳类有三疣梭子蟹、细点圆趾蟹、大管鞭虾、鹰爪虾、哈氏仿对虾、周氏新对虾、葛氏长臂虾、日本囊对虾、口虾蛄9种；头足类有曼氏无针乌贼、太平洋褶柔鱼、剑尖枪乌贼3种。

（一）游泳动物指数

根据各评价单元渔获物经济种类比例（*ES*）和营养级状况（*TL*）的平均值，计算游泳动物指数（F_1）并评价等级从表9-4可以看出，江苏、上海和浙江北部海域基本稳定，浙江南部海域呈下降趋势。

表9-4　游泳动物指数分级试评估结果

评价单元	*ES*	*TL*	F_1	评估等级
连云港	3	3	3	基本稳定
盐城	3	3	3	基本稳定
南通	3	2	2.5	基本稳定
上海	3	3	3	基本稳定
舟山	3	3	3	基本稳定
宁波	3	3	3	基本稳定
台州	2	1	1.5	下降
温州	2	1	1.5	下降

近海渔获物营养级指数（*TL*）评估结果，游泳动物营养等级的划分主要参照文献研究成果[②]。采用2013—2016年春季和夏季调查所得营养级指数的平均值为区域评价标准（*TL-ave*），评价渔获物营养级的变化状况（Δ*TL*），并确定其评价等级（表9-5）。

表9-5　渔获物营养级状况分级试评估结果

评价单元	*TL*（2016）	*TL-ave*	Δ*TL*/%	评估结果	赋值
连云港	3.39	3.24	4.8	基本稳定	3
盐城	3.63	3.39	7.3	基本稳定	3

① 数据来源于2013—2016年渔业结束期（4—5月）和开捕期（8—9月）黄海南部和东海渔业资源底拖网调查。

② 张波，唐启升．渤、黄、东海高营养层次重要生物资源种类的营养级研究［J］．海洋科学进展，2004，22（04）：393-404；纪炜炜．东海中北部主要游泳动物食物网结构和营养关系初步研究_纪炜炜［D］．青岛：中国科学院海洋研究所。

续表

评价单元	TL (2016)	TL-ave	ΔTL/%	评估结果	赋值
南通	3.32	3.49	-4.9	下降	2
上海	3.71	3.57	3.8	基本稳定	3
舟山	3.60	3.36	7.1	基本稳定	3
宁波	3.55	3.36	5.4	基本稳定	3
台州	3.11	3.34	-6.8	显著下降	1
温州	2.97	3.18	-6.5	显著下降	1

(二) 鱼卵仔稚鱼指数

4—7月对每个评价单元开展了 4 次专项调查①，取平均值表征鱼卵密度情况，平均鱼卵密度（F_E）数据，并评估鱼卵密度的变化状况（ΔF_E）和等级（表9-6）。

表9-6 鱼卵密度变化状况分级评估结果

评价单元	F_E (2016)	F_E-ave	ΔF_E/%	评估结果	赋值
连云港	10.10	50.66	-80.1	显著下降	1
盐城	25.92	19.43	33.4	基本稳定	3
南通	4.87	25.40	-80.8	显著下降	1
上海	15.31	6.17	148.2	基本稳定	3
舟山	1.98	144.10	-98.6	显著下降	1
宁波	47.55	2.29	1973.3	基本稳定	3
台州	31.27	1.90	1543.5	基本稳定	3
温州	4.11	12.64	-67.5	显著下降	1

根据评价单元内主要经济种类的仔稚鱼密度（F_L）进一步评估仔稚鱼密度的变化状况（ΔF_L），并确定其评价等级（表9-7）。

表9-7 仔稚鱼密度变化状况分级试评估结果

评价单元	F_L (2016)	F_L-ave	ΔF_L/%	评估结果	赋值
连云港	44.15	53.22	-17.0	下降	2
盐城	48.80	26.95	81.1	基本稳定	3
南通	4.96	9.30	-46.7	显著下降	1

---

① 数据来源于 2014—2016 年春季和夏季东海区产卵场专项调查，调查方法为利用仔稚鱼专用网具（网长 600 cm、网口内径 130 cm，网口面积 1.33 m²，筛绢网目规格 0.505mm）进行 10 min 的表层水平拖网取样。

续表

评价单元	F_L（2016）	F_L-ave	ΔF_L/%	评估结果	赋值
上海	15.90	12.64	25.8	基本稳定	3
舟山	12.50	18.54	-32.6	显著下降	1
宁波	19.99	9.24	116.2	基本稳定	3
台州	13.09	5.57	135.0	基本稳定	3
温州	9.01	10.58	-14.8	下降	2

　　根据各评价单元鱼卵密度（F_E）和仔稚鱼密度（F_L）的加权平均值，计算鱼卵仔稚鱼指数（F_2）并评价其等级。江苏连云港海域和浙江温州海域呈下降趋势，江苏盐城、上海、浙江宁波和台州海域基本稳定，江苏南通和浙江舟山海域显著下降。综合各评价单元游泳动物指数（F_1）、鱼卵仔稚鱼指数（F_2）的评价结果进行加权平均，得到海洋渔业资源承载能力综合等级（F）（图9-3）。综合评估结果表明，连云港海域、盐城海域、上海海域、宁波海域的渔业资源承载能力综合等级为"可载"；南通海域、舟山海域、台州海域、温州海域为临界超载。

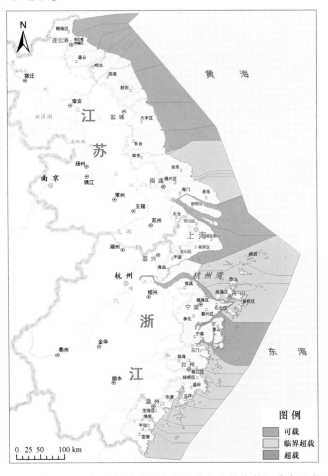

图9-3　长江口及邻近海域渔业资源承载能力综合等级分布示意图

三、海洋环境生态承载力评价结果

（一）海洋环境承载力评价结果

长江口及邻近海域各县级区邻近海域的海洋环境承载状况评价结果表明：2016年，长江口及邻近海域全年海洋环境可载、临界超载和超载的比例分别为0%、7%和93%。其中，春季、夏季、秋季海洋环境为可载状态的比例分别为2%、19%和0%，临界超载的比例分别为5%、5%和5%，超载的比例分别为93%、77%和95%，由此获得长江口及邻近海域海洋环境承载状况的各季节及年度等级（图9-4）。

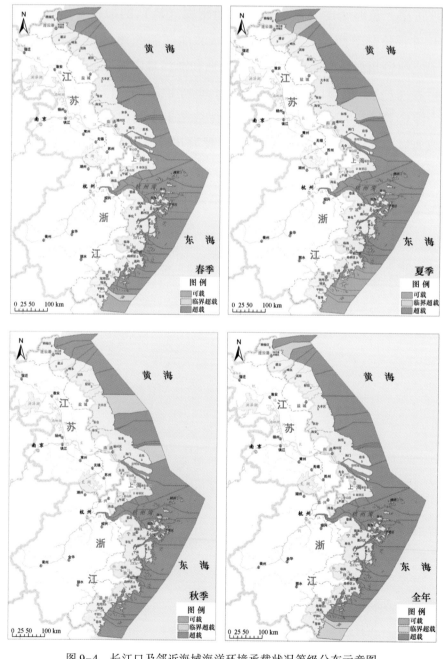

图9-4　长江口及邻近海域海洋环境承载状况等级分布示意图

（二）海洋生态承载力评价结果

如图9-5所示，长江口及邻近海域9个市级评价单元中有8个区域为临界超载，占比为77.8%。在以上处于生态临界超载状态的区域中，比较突出的问题主要为浮游植物、浮游动物和大型底栖生物的数量较多，年平均值出现较大的波动；仅连云港近岸海域生态承载状况为生态可载。

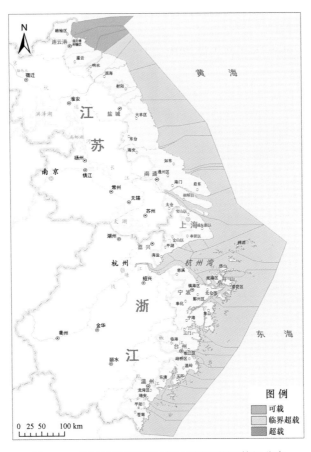

图9-5 长江口及邻近海域生态承载状况等级分布

四、海岛资源环境承载能力评价结果

海岛资源环境承载力监测预警试点区评价范围为江苏、上海和浙江的无居民海岛。根据全覆盖原则，对江苏、上海和浙江的全部无居民海岛均开展监测预警试点工作。其中，苏鲁交界和浙闽交界具有权属争议的无居民海岛暂不纳入本次的评价范围。

（一）无居民海岛开发强度

根据收集数据，获取各评价单元无居民海岛的岸线总长度和人工岸线长度，进一步评估各县级评价单元内无居民海岛人工岸线比例（I_{11}）。根据收集数据，获取各评价单元无居民海岛地表覆盖类型，分别统计"基础设施与公共服务""坑塘养殖"以及"耕地、园地和经济林"的面积，进而评估各评价单元内无居民海岛的已开发利用面积（I_{12c}），根据I_{12c}占岛陆总面积的比例大小确定其开发用岛规模指数（I_{12}）。根据"短板效应"原则，以无居民海岛人工岸线比例（I_{11}）和开发用岛规模指数（I_{12}）中的较差等级，作为无居民海岛开发强度（I_1）的综合评估等级（图9-6）。

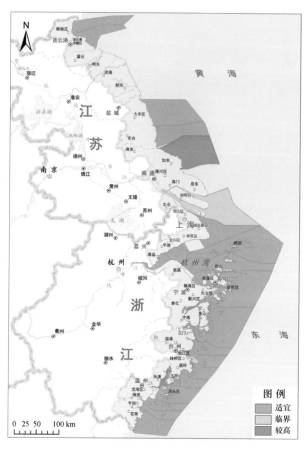

图9-6　无居民海岛开发强度分级评估结果

（二）无居民海岛生态状况

采用遥感影像解译和收集资料，分别各评价单元无居民海岛在基准年和评价年的植被覆盖率，并通过比较植被覆盖率变化情况（I_2），评估无居民海岛生态状况等级（图9-7）。

第三节　专项评价结果

长江口及邻近海域资源环境承载能力专项评价主要针对该区域的重点开发用海区、海洋渔业资源保障区、重要海洋生态功能区进行重点区域专题评价。

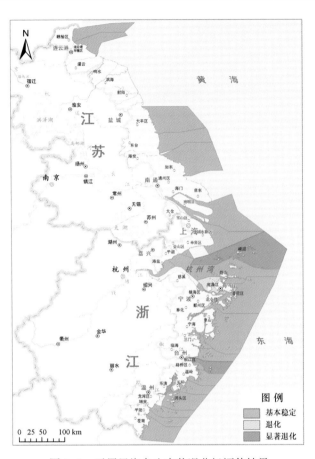

图 9-7 无居民海岛生态状况分级评估结果

一、重点开发用海区

依据江苏省、上海市、浙江省近岸海域开发利用积聚分布的特点，选择连云港港口与航运重点开发用海区、浦东新区港口与航运重点开发用海区、南通工业与城镇建设重点开发用海区、舟山定海区港口与航运重点开发用海区、宁波北仑港港口与航运重点开发用海区、台州湾工业与城镇建设重点开发用海区和温州市工业与城镇建设重点开发用海区 7 个区域作为重点开发用海区专项评价区域。评价范围界定为连云港市辖区港口与航运用海功能区、通州区工业与城镇建设用海功能区、浦东新区港口与航运用海功能区、定海区港口与航运用海功能区、北仑区港口与航运用海功能区、路桥区工业与城镇建设用海功能区、龙湾区工业与城镇建设用海功能区。

（一）连云港市辖区港口与航运重点开发用海区

连云港市辖区港口与航运功能区，主要用海方式包括建设填海造地 801.85 hm²、非透水构筑物 130.89 hm²、透水构筑物 13.99 hm²、港池、蓄水池等 86.13 hm²。该港口与航运区总面积 6 325.87 hm²，由此计算海域使用强度指数（Q）：

$$Q = \frac{\sum_{i=1}^{n} s_i \times l_i}{S_0 h} = \frac{955.57}{6\,325.87 \times 0.7} = 0.22$$

计算结果 Q 值为 0.22，表明连云港市辖区港口与航运重点开发用海区海域开发强度较小，港口航运区发展的海域资源承载潜力较大。

（二）南通市工业与城镇建设重点开发用海区

南通市工业与城镇建设重点开发用海区，主要用海方式包括建设填海造地 1\,375.76 hm²、港池、蓄水池等 1.93 hm²、开放式养殖 1\,549.58 hm²、围海养殖 56.47 hm²。该工业与城镇建设用海总面积 6\,279.69 hm²，由此计算海域使用强度指数（Q）：

$$Q = \frac{\sum_{i=1}^{n} s_i \times l_i}{S_0 h} = \frac{1\,576.28}{6\,279.69 \times 0.6} = 0.42$$

计算结果 Q 值为 0.42，表明南通市工业与城镇建设重点开发用海区海域开发强度中等，工业与城镇建设的海域资源承载潜力有限，需注意节约、集约利用。

（三）浦东新区港口与航运重点开发用海区

浦东新区港口与航运重点开发用海区，主要用海方式包括透水构筑物 16.65 hm²、港池、蓄水池等 292.25 hm²、海底电缆管道 564.63 hm²、跨海桥梁等 120.94 hm²、取、排水口 3.76 hm²。该港口与航运区总面积 42\,929.57 hm²，由此计算海域使用强度指数（Q）：

$$Q = \frac{\sum_{i=1}^{n} s_i \times l_i}{S_0 h} = \frac{158.23}{42\,929.57 \times 0.7} = 0.005\,3$$

计算结果 Q 值为 0.005\,3，表明浦东新区港口与航运重点开发用海区海域开发强度较小，浦东新区港口与航运发展的海域资源承载潜力较大。

（四）舟山定海区港口与航运重点开发用海区

舟山定海区港口与航运重点开发用海区，主要用海方式包括建设填海造地 349.73 hm²、非透水构筑物 25.52 hm²、透水构筑物 288.86 hm²、港池、蓄水池等 1\,547.97 hm²、海底电缆管道 41.15 hm²、跨海桥梁等 47.34 hm²、取、排水口 0.63 hm²、污水达标排放 0.91 hm²、围海养殖 91.87 hm²、开放式养殖 17.1 hm²、专用航道、锚地及其他开放式用海 13.3 hm²。该港口与航运区总面积 51\,672.62 hm²，由此计算海域使用强度指数（Q）：

$$Q = \frac{\sum_{i=1}^{n} s_i \times l_i}{S_0 h} = \frac{895.57}{51\,672.62 \times 0.7} = 0.025$$

计算结果 Q 值为 0.025，表明舟山定海区港口与航运重点开发用海区海域开发强度较小，舟山定海区港口与航运发展的海域资源承载潜力较大。

（五）宁波北仑港港口与航运重点开发用海区

宁波北仑港港口与航运重点开发用海区，主要用海方式包括建设填海造地 47.13 hm²、非透水构筑物 4.77 hm²、透水构筑物 384.95 hm²、港池、蓄水池等 1 691.97 hm²、海底电缆管道 4.3 hm²、跨海桥梁等 12.12 hm²、取、排水口 11.71 hm²、污水达标排放 3.75 hm²。该港口与航运区总面积 18 100.25 hm²，由此计算海域使用强度指数（Q）：

$$Q = \frac{\sum_{i=1}^{n} s_i \times l_i}{S_0 h} = \frac{550.64}{18\ 100.25 \times 0.7} = 0.043$$

计算结果 Q 值为 0.043，表明宁波北仑港港口与航运重点开发用海区海域开发强度较小，宁波北仑港港口与航运发展的海域资源承载潜力较大。

（六）台州市工业与城镇建设重点开发用海区

台州市工业与城镇建设重点开发用海区，主要用海方式包括建设填海造地 769.99 hm²、港池、蓄水池等 1.81 hm²、围海养殖 2 901.59 hm²。该工业与城镇建设用海总面积 8 471.58 hm²，由此计算围填海强度指数（Q）：

$$Q = \frac{\sum_{i=1}^{n} s_i \times l_i}{S_0 h} = \frac{3\ 091.62}{8\ 471.58 \times 0.6} = 0.61$$

计算结果 Q 值为 0.61 表明台州市工业与城镇建设重点开发用海区海域开发强度较大，台州市工业与城镇发展的海域资源承载力已饱和，需注意海域资源优化利用。

（七）温州市工业与城镇建设重点开发用海区

温州市工业与城镇建设重点开发用海区，主要用海方式包括农业填海造地 193.49 hm²、非透水构筑物 24.71 hm²、透水构筑物 117.25 hm²、开放式养殖 1 874.22 hm²、围海养殖 104.33 hm²。该工业与城镇建设用海总面积 4 254.2 hm²，由此计算围填海强度指数（Q）：

$$Q = \frac{\sum_{i=1}^{n} s_i \times l_i}{S_0 h} = \frac{535.99}{4\ 254.2 \times 0.6} = 0.21$$

计算结果 Q 值为 0.21，表明温州市工业与城镇建设重点开发用海区海域开发强度较小，温州市龙湾区工业与城镇建设的海域资源承载潜力较大。

（八）重点开发用海区评价结果

重点开发用海区评价结果如表 9-8 所示，连云港市辖区港口与航运重点开发用海区海域开发强度较小，南通市工业与城镇建设重点开发用海区海域开发强度中等，浦东新区港口与航运重点开发用海区海域开发强度较小，舟山定海区港口与航运重点开发用海区海域开发强度较小，宁波北仑港港口与航运重点开发用海区海域开发强度较小，台州市工业与城镇建设重点开发用海区海域开发强度较大，温州市工业与城镇建设重点开发用海区海域开发强度较小。

表 9-8　重点开发用海区评价结果

省	重点开发用海区	开发强度
江苏省	连云港市辖区港口与航运重点开发用海区	较小
江苏省	南通市工业与城镇建设重点开发用海区	中等
上海市	浦东新区港口与航运重点开发用海区	较小
浙江省	舟山定海区港口与航运重点开发用海区	较小
浙江省	宁波北仑港港口与航运重点开发用海区	较小
浙江省	台州市工业与城镇建设重点开发用海区	较大
浙江省	温州市工业与城镇建设重点开发用海区	较小

二、海洋渔业保障区

依据《全国海洋主体功能区规划》，综合考虑各省、市所在渔场的开发利用规模和特点，以及地区均衡性，在近岸海域选择连云港市、盐城市、南通市、上海市、舟山市、宁波市、台州市、温州市 8 个区域作为海洋渔业保障区专项评价区域，以典型重点渔业县或市为渔业保障区的评价单元，包括 1#、6#、13#、14#~18#、28#~31#、27#、36#、43#。评价数据来自全国海洋捕捞信息动态采集网络，该网络自 2009 年在三海区启动运行，依据技术组统一编制的技术规程，采用固定信息船和面上随机抽样调查相结合的方法，实时跟踪采集各海区的海洋渔业生产基础信息，逐月会商分析我国近海海洋捕捞形式、渔业特点、资源动态等情况。作业类型涉及双拖、单拖、拖虾、灯光围网、流刺网、帆式张网、定置张网等多种海洋渔业作业形式。近岸海域作业方式以定置张网为主，因此，海洋渔业保障区承载能力评价主要以定置张网渔业资源密度指数（kg/船·d）为表征指标，鉴于时间序列仅有 8 个年份（2009—2016 年），故通过近 4 年与近 8 年平均值的变化率来反映海洋渔业保障区承载能力状况。

1#近岸海域平均渔获率为 516.61 kg/（船·d^{-1}），4 年平均值为 584.03 kg/（船·d^{-1}），变化率为-13.05%，表明渔业资源量较为稳定，海洋渔业保障区功能趋于稳定。6#近岸海域平均渔获率为 1 274.75 kg/（船·d^{-1}），4 年平均值为 1 464.04 kg/（船·d^{-1}），变化率为-14.85%，表明渔业资源量较为稳定，海洋渔业保障区功能趋于稳定。13#近岸海域平均渔获率为 1 187.7 kg/（船·d^{-1}），4 年平均值为 1 735.75 kg/（船·d^{-1}），变化率为-15.80%，表明渔业资源量较为稳定，海洋渔业保障区功能趋于稳定。14#~18#近岸海域平均渔获率为

475.39 kg/（船·d^{-1}），4 年平均值为 445.08 kg/（船·d^{-1}），变化率为 6.38%，表明渔业资源量存在衰退，海洋渔业保障区功能受损。28#～31#近岸海域平均渔获率为 662.72 kg/（船·d^{-1}），4 年平均值为 468.16 kg/（船·d^{-1}），变化率为 29.36%，表明渔业资源量严重衰退，海洋渔业保障区功能严重受损。13#近岸海域平均渔获率为 712.65 kg/（船·d^{-1}），4 年平均值为 768.11 kg/（船·d^{-1}），变化率为−7.78%，表明渔业资源量较为稳定，海洋渔业保障区功能趋于稳定。36#近岸海域平均渔获率为 849.94 kg/（船·d^{-1}），4 年平均值为 950.56 kg/（船·d^{-1}），变化率为−11.84%，表明渔业资源量较为稳定，海洋渔业保障区功能趋于稳定。43#近岸海域平均渔获率为 697.96 kg/（船·d^{-1}），4 年平均值为 760.24 kg/（船·d^{-1}），变化率为−8.92%，表明渔业资源量较为稳定，海洋渔业保障区功能趋于稳定。

江苏、上海和浙江海洋渔业保障区试评价结果如表 9-9 所示：江苏海域为稳定，上海海域为受损，浙江海域的象山县、温岭市、苍南县为稳定，舟山市为严重受损。

表 9-9　海洋渔业保障区综合评估结果

渔业保障区	评价单元	渔业资源状况	保障区功能
海州湾渔场	1#	稳定	稳定
吕泗渔场	6#	稳定	稳定
吕泗渔场	13#	稳定	稳定
长江口渔场	14#～18#	衰退	受损
舟山渔场	28#～31#	严重衰退	严重受损
鱼山渔场	27#	稳定	稳定
鱼山渔场	36#	稳定	稳定
温台渔场	43#	稳定	稳定

三、重要海洋生态功能区

根据海洋主体功能区规划中的禁止开发区和限制开发区分布情况，以及潮间带滩涂及植被分布情况，选择 6#、7#、15#、25#、28#、38#、42#、43#共 8 个单元开展重要海洋生态功能区专项评价。

（一）滩涂面积保有率

统计 1990 年和 2016 年各重要海洋生态功能区内潮间带滩涂面积，计算各单元的 2016 年的滩涂面积保有率，并对其分布情况进行动态分析评价，通常，当 $Ti \geq 0.80$ 时，滩涂面积为基本稳定；当 $0.60 \leq Ti < 0.80$ 时，滩涂面积有所萎缩；当 $Ti < 0.60$ 时，滩涂面积为显著萎缩。由此可见，除了苍南县有所萎缩之外，其他重要海洋生态功能区均基本稳定（表 9-10）。

表 9-10   重要海洋生态功能区滩涂面积及保有率变化情况　　　　　　　　单位：km²

省（直辖市）	市	评价单元	1990 年 （km²）	2016 年 （km²）	T_{20161} (S_{2016}/S_{1990})	滩涂保有率变化情况
江苏省	盐城	6#	655.8	621.3	0.95	基本稳定
		7#	1 526.2	1 403.3	0.92	基本稳定
上海市		15#	321.3	257.8	0.80	基本稳定
浙江省	宁波	25#	3 415.61	2 070.93	0.61	有所萎缩
	舟山	28#	831.99	812.06	0.98	基本稳定
	温州	38#	167.6	133.7	0.80	基本稳定
		42#	88.1	77.2	0.88	基本稳定
		43#	87.1	67.0	0.77	有所萎缩

（二）典型生境植被覆盖度变化率

利用生境植被分布区域的矢量数据生成 ROI，采用 ENVI 软件进行计算，得到 2007 年和 2016 年植被覆盖度。并进一步计算植被覆盖度图像像素的平均值，获取这两个年份典型生境植被的年均植被覆盖度，并计算近 10 年的植被覆盖度变化率。通常，当 $E_v > 20\%$ 时，典型生境生态质量状况显著退化；当 $10\% \leqslant E_v \leqslant 20\%$ 时，典型生境生态质量状况退化；$E_v < 10\%$ 时，典型生境生态质量状况基本稳定，其中，当 $E_v < 0\%$ 时，典型生境生态质量状况改善。依据上述评价标准可知，从 2007—2016 年，长江经济带各重要海洋生态功能区除了 38# 和 43# 退化之外，尤其 43# 为显著退化，其余均为基本稳定，基本稳定、退化、占比分别为 67.0%、16.5% 和 16.5%（表 9-11）。

表 9-11   重要海洋生态功能区植被覆盖度及变化率统计（2007—2016 年）

省/市	市	评价单元	植被覆盖度（FC）		植被覆盖度变化率 (E_V) /%	生态质量状况
			2007 年	2016 年		
江苏省	盐城	6#	0.32	0.29	7.5	基本稳定
		7#	0.24	0.22	9.4	基本稳定
上海市		15#	0.43	0.39	9.0	基本稳定
浙江省	宁波	25#	0.15	0.14	8.78	基本稳定
	温州	38#	0.21	0.18	14.3	退化
		42#	0.21	0.19	9.5	基本稳定
		43#	0.18	0.13	27.8	显著退化

（三）海洋生态保护对象变化情况

在上述 8 个县级评价单元中，有嵊泗马鞍列岛国家海洋特别保护区、西门岛国家级海洋特别保护区和南麂列岛国家级海洋自然保护区，分别位于舟山的嵊泗、温州的乐清市和

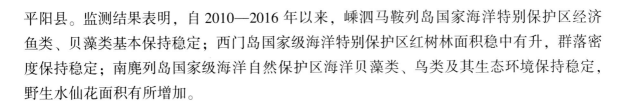

平阳县。监测结果表明，自2010—2016年以来，嵊泗马鞍列岛国家海洋特别保护区经济鱼类、贝藻类基本保持稳定；西门岛国家级海洋特别保护区红树林面积稳中有升，群落密度保持稳定；南麂列岛国家级海洋自然保护区海洋贝藻类、鸟类及其生态环境保持稳定，野生水仙花面积有所增加。

（四）重要海洋生态功能区生态系统变化情况

根据滩涂面积保有率变化情况、植被覆盖度变化情况和海洋生态保护对象变化情况，综合分析重要海洋生态系统功能区的变化情况（表9-12）。

表 9-12　重要海洋生态功能区生态系统变化情况

评价单元	滩涂面积保有率变化	植被覆盖度变化	保护对象	生态系统变化
6#	基本稳定	基本稳定	/	基本稳定
7#	基本稳定	基本稳定	/	基本稳定
15#	基本稳定	基本稳定	/	基本稳定
25#	有所萎缩	基本稳定	/	有所萎缩
28#	基本稳定	/	基本稳定	基本稳定
38#	基本稳定	退化	基本稳定	退化
42#	基本稳定	基本稳定	基本稳定	基本稳定
43#	有所萎缩	显著退化	/	显著退化

/ 表示无监测指标或无监测数据。

第四节　过程评价结果

一、海域/海岛开发效率变化

（一）海域开发效率变化

根据海域开发资源效应指数及各地区GDP，计算海域开发效率变化趋势（L），结果如表9-13所示。赣榆区、滨海县、大丰区、射阳县、海门市、奉化市、海盐县、椒江区、椒江区、龙湾区、路桥区、平湖市、平阳县、瑞安市、三门县、温岭市、鄞州区、镇海区的L值均大于1，海域开发效率趋差。

表 9-13 海域开发效率变化评价结果

评价单元	2005 年		2016 年		L	变化趋势
	P_E	GDP/亿元	P_E	GDP/亿元		
1#	0.001 7	74.8	0.013	519.2	1.1	趋差
2#	0.004 6	456	0.026	2 376.5	1.1	趋差
3#	0.004 5	46.5	0.007	328.7	0.2	变化不大或趋良
4#	0	46.4	0.004	270.6	—	—
5#	0.000 2	79.9	0.002	391.6	1.8	趋差
6#	0.000 3	121.7	0.006	441.7	4.8	趋差
7#	0.000 8	126.8	0.02	579.1	5.3	趋差
8#	0.016 5	167.3	0.026	727	0.4	变化不大或趋良
9#	0	148.9	0.096	755.3	—	—
10#	0.011 4	146.4	0.022	746.7	0.4	变化不大或趋良
11#	0.009 5	222.1	0.021	1 026.7	0.5	变化不大或趋良
12#	0.000 6	212.6	0.037	1 005.1	14.2	趋差
13#	0	200	0.015	881.9	—	—
14#	0.000 2	95.7	0.001	311.7	1.3	趋差
15#	0.001 2	2 108.8	0.002	8 732.5	0.4	变化不大或趋良
16#	0	223.4	0.002	729.3	—	—
17#	0.009 6	201.3	0.004	922.9	0.1	变化不大或趋良
18#	0	170.5	0.005	513.1	99.5	趋差
19#	0.000 1	144.5	0.013	407.8	75.6	趋差
20#	0.02	375.4	0.061	1 209.4	0.9	变化不大或趋良
21#	0.002 3	192.8	0.017	753.7	1.9	趋差
22#	0.037 4	274.1	0.086	1 153.1	0.5	变化不大或趋良
23#	0.003 6	339.8	0.071	1 381	4.8	趋差
24#	0.012 6	124.8	0.13	488.3	2.6	趋差
25#	0.001 6	136.4	0.003	437.1	0.6	变化不大或趋良
26#	0.006 2	33.9	0.005	99	0.3	变化不大或趋良
27#	0.002 4	45.1	0.005	231.7	0.4	变化不大或趋良
28#	0.003 8	11.6	0.025	502.1	0.2	变化不大或趋良
29#	0.002 4	84	0.005	395.3	0.4	变化不大或趋良
30#	0.000 4	49.2	0.031	184.9	23.1	趋差
31#	0	164.8	0.021	515.6	—	—
32#	0	174	0.007	487.6	65.7	趋差
33#	0	171.5	0.086	522.2	9 383.5	趋差
34#	0.000 4	305.1	0.006	900.3	5.4	趋差
35#	0.001 1	148.7	0.003	465.1	0.9	变化不大或趋良
36#	0.041 4	260.2	0.052	838.4	0.4	变化不大或趋良
37#	0.006 8	185.4	0.128	589.2	5.9	趋差
38#	0.001 9	19.4	0.004	79.4	0.5	变化不大或趋良
39#	0	242.6	0.007	783.8	849.4	趋差
40#	0.000 1	105.8	0.011	372.9	38.4	趋差
41#	0.005 8	136.1	0.01	460.2	0.5	变化不大或趋良

（二）无居民海岛相对开发强度变化率

根据遥感影像解译和收集数据，结合前述海域开发资源效应指数（P_E）和无居民海岛开发强度现状结果，以及沿海省级行政区建设用地面积（C），与基准年 2005 年的结果相比较，计算无居民海岛开发强度相对变化率（I_A），结果如表 9-14 所示。

表 9-14 无居民海岛相对开发强度变化评价结果

评价单元		I_{A1}（%）	I_{A2}（%）	I_A（%）	变化趋势
江苏省	7#	—	-13.9	-13.9	趋低
	8#	—	-2.0	-2.0	趋低
	1#	—	-5.3	-5.3	趋低
	2#	-100.0	33.0	33.0	趋高
	10#	-2.5	6.5	6.5	变化不大
上海市	15#	-7.9	31.6	31.6	趋高
	18#	—	—	—	变化不大
	16#	-3.0	—	-3.0	变化不大
浙江省	23#	12.3	-0.3	12.3	趋高
	29#	0.6	2.6	2.6	变化不大
	30#	-10.3	-9.8	-9.9	趋低
	25#	-2.1	-4.9	-2.1	趋低
	20#	-18.8	-23.4	-18.8	趋低
	34#	—	-100.0	-100.0	趋低
	33#	—	—	—	—
	35#	-23.4	-30.6	-23.4	趋低
	26#	-1.5	20.9	20.9	趋高
	19#	-14.5	-15.3	-14.5	趋低
	31#	-7.5	-4.9	-4.9	趋低
	41#	-28.0	11.6	11.6	趋高
	32#	-12.1	-17.9	-12.1	趋低
	28#	-7.2	-6.8	-6.8	趋低
	36#	-3.2	16.2	16.2	趋高
	27#	-3.0	5.9	5.9	变化不大
	24#	—	—	—	—
	37#	-4.9	7.0	7.0	变化不大
	22#	—	-10.9	-10.9	趋低
	40#	-13.8	-8.8	-8.8	趋低
	38#	15.5	24.8	24.8	趋高
	42#	—	-22.4	-22.4	趋低
	43#	1.6	39.7	39.7	趋高

二、海域水环境污染变化趋势

长江口及邻近海域优良水质和水环境变化趋势①如图 9-8 所示。本区域自 2005 年以来海水优良水质整体变化不大，其中 2012 年较低。除浙江省苍南县环境污染程度趋良外，其他评价单元均变化不大。

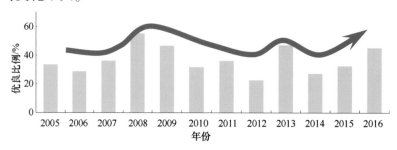

图 9-8　长江口及邻近海域优良水质变化趋势（2005—2016 年）

三、生态灾害风险变化

根据近年来江苏省赤潮监测数据，全省近岸海域赤潮发生次数呈下降趋势，特别是近 3 年来未暴发赤潮，赤潮灾害风险呈降低趋势。根据近年来上海市赤潮监测数据，近年来上海市仅在 2016 年暴发了一次主要由东海原甲藻引发的赤潮，赤潮灾害风险变化不大。根据浙江省海洋赤潮监测数据，各评价单元 2006—2015 年赤潮发生次数统计结果。27#、29#、31#、33#、34#、40#海域赤潮发生频次均呈降低趋势，海域生态灾害风险趋低。24#、26#、36#、37#、41#、42#、43#海域赤潮发生频次无显著变化趋势，海域生态灾害风险变化不大。沿海各县级区海洋生态灾害风险变化评价结果如表 9-15 所示。

表 9-15　生态灾害风险变化评价结果

区域		S 值	P 值	赤潮发生频次变化趋势	海域生态灾害风险
江苏	1#-3#	<0	<0.1	降低趋势	趋低
	4#-8#	/	/	/	/
	9#-13#	<0	>0.1	无显著变化趋势	变化不大
上海市	14#-18#	>0	>0.1	无显著变化趋势	变化不大
嘉兴	19#	/	/	/	/
	20#	/	/	/	/
舟山	29#	<0	<0.1	降低趋势	趋低
	30#	/	/	/	/
	31#	<0	<0.1	降低趋势	趋低
	28#	<0	<0.1	降低趋势	趋低

---

① 数据来源于国家海洋环境监测中心数据库，为历年中国海洋环境质量业务监测数据。

续表

区域		S 值	P 值	赤潮发生频次变化趋势	海域生态灾害风险
宁波	23#	/	/	/	/
	21#	/	/	/	/
	25#	/	/	/	/
	26#	<0	>0.1	无显著变化趋势	变化不大
	27#	<0	<0.1	降低趋势	趋低
	24#	<0	>0.1	无显著变化趋势	变化不大
	22#	/	/	/	/
	32#	/	/	/	/
台州	36#	/	/	/	/
	37#	>0	>0.1	无显著变化趋势	变化不大
	34#	>0	>0.1	无显著变化趋势	变化不大
	33#	<0	=0.1	降低趋势	趋低
	35#	<0	=0.1	降低趋势	趋低
	40#	/	/	/	/
温州	38#	<0	<0.1	降低趋势	趋低
	43#	/	/	/	/
	39#	>0	>0.1	无显著变化趋势	变化不大
	42#	/	/	/	/
	41#	<0	>0.1	无显著变化趋势	变化不大
	1#-3#	=0	>0.1	无显著变化趋势	变化不大

　　根据海域/海岛开发效率变化、环境污染程度变化、生态灾害风险变化三项指标的匹配关系，得到不同类型的海洋资源环境耗损指数。其中，三项指标中两项或三项均变差的区域，为海洋资源环境耗损加剧型，两项或三项变化不大或趋良的区域，为海洋资源环境耗损。根据上述评价结果，得到的各评价单元变化过程类型划分结果（表9-16），由于水质和生态风险都处于基本不变或趋缓（良），因此整体上所有评价单元均为趋缓型。

表 9-16　过程评价结果

市	评价单元	海域/海岛开发效率	水质	生态风险	过程评价等级
连云港	1#	趋差	变化不大	趋低	趋缓型
	2#	趋差	变化不大	趋低	趋缓型
	3#	变化不大或趋良	变化不大	趋低	趋缓型
盐城	4#	—	变化不大	无显著变化	趋缓型
	5#	趋差	变化不大	无显著变化	趋缓型
	6#	趋差	变化不大	无显著变化	趋缓型
	7#	趋差	变化不大	无显著变化	趋缓型
	8#	变化不大或趋良	变化不大	无显著变化	趋缓型

市	评价单元	海域/海岛开发效率	水质	生态风险	过程评价等级
南通	9#	—	变化不大	无显著变化	趋缓型
	10#	变化不大或趋良	变化不大	无显著变化	趋缓型
	11#	变化不大或趋良	变化不大	无显著变化	趋缓型
	12#	趋差	变化不大	无显著变化	趋缓型
	13#	—	变化不大	无显著变化	趋缓型
上海	14#	/	变化不大	无显著变化	趋缓型
	15#	趋差	变化不大	无显著变化	趋缓型
	16#	变化不大或趋良	变化不大	无显著变化	趋缓型
	17#	—	变化不大	无显著变化	趋缓型
	18#	变化不大或趋良	变化不大	无显著变化	趋缓型
嘉兴	19#	趋差	变化不大	无显著变化	趋缓型
	20#	趋差	变化不大	无显著变化	趋缓型
宁波	21#	变化不大或趋良	变化不大	无显著变化	趋缓型
	22#	趋差	变化不大	无显著变化	趋缓型
	23#	趋差	变化不大	无显著变化	趋缓型
	24#	趋差	变化不大	无显著变化	趋缓型
	25#	趋差	变化不大	无显著变化	趋缓型
	26#	趋差	变化不大	趋低	趋缓型
	27#	变化不大或趋良	变化不大	趋低	趋缓型
舟山	28#	变化不大或趋良	变化不大	趋低	趋缓型
	29#	变化不大或趋良	变化不大	趋低	趋缓型
	30#	变化不大或趋良	变化不大	无显著变化	趋缓型
	31#	变化不大或趋良	变化不大	趋低	趋缓型
台州	32#	趋差	变化不大	无显著变化	趋缓型
	33#	—	变化不大	无显著变化	趋缓型
	34#	趋差	变化不大	趋低	趋缓型
	35#	趋差	变化不大	无显著变化	趋缓型
	36#	趋差	变化不大	无显著变化	趋缓型
	37#	变化不大或趋良	变化不大	无显著变化	趋缓型
温州	38#	趋差	变化不大	无显著变化	趋缓型
	39#	趋差	变化不大	无显著变化	趋缓型
	40#	变化不大或趋良	变化不大	趋低	趋缓型
	41#	趋差	变化不大	无显著变化	趋缓型
	42#	趋差	变化不大	无显著变化	趋缓型
	43#	趋差	趋良	无显著变化	趋缓型

第五节　集成预警结果

长江口及邻近海域资源环境承载能力综合集成评估结果如表9-17所示。根据"短板效应"，除温州市平阳县为"临界超载"以外，其他各评价单元综合承载类型均为"超载"。主要超载因子为海水环境和岸线。

表9-17　海洋资源环境承载能力综合承载类型基础评价

市	评价单元	基础评价							专项评价			综合评估
		岸线	空间	渔业资源	海水环境	生态	海岛开发强度	海岛生态状况	开发用海区	渔业资源区	生态功能区	
连云港	1#	适宜	适宜	可载	超载	可载	适宜	稳定		稳定		超载
	2#	较高	适宜	可载	临界	可载	适宜	稳定	较小			超载
	3#	适宜	适宜	可载	超载	可载						超载
盐城	4#	临界	适宜	可载	超载	临界						超载
	5#	适宜	适宜	可载	超载	临界						超载
	6#	适宜	适宜	可载	超载	临界				稳定	稳定	超载
	7#	适宜	适宜	可载	超载	临界	适宜	稳定		稳定		超载
	8#	适宜	适宜	可载	超载	临界	适宜	稳定				超载
南通	9#	临界	临界	临界	超载	临界						超载
	10#	适宜	适宜	临界	超载	临界	较高	稳定				超载
	11#	较高	适宜	临界	超载	临界			中等			超载
	12#	较高	适宜	临界	超载	临界						超载
	13#	临界	适宜	临界	超载	临界				稳定		超载
上海市	14#	较高	适宜	可载	超载	临界				受损		超载
	15#	较高	适宜	可载	超载	临界	临界	退化		受损	稳定	超载
	16#	较高	适宜	可载	超载	临界	适宜	稳定	较小	受损		超载
	17#	临界	适宜	可载	超载	临界				受损		超载
	18#	临界	适宜	可载	超载	临界	适宜	稳定		受损		超载
嘉兴	19#	适宜	适宜	—	超载	临界	适宜	稳定				超载
	20#	适宜	适宜	—	超载	临界	适宜	稳定				超载
宁波	21#	临界	适宜	可载	超载	临界		稳定				超载
	22#	较高	适宜	可载	超载	临界	适宜	稳定				超载
	23#	适宜	适宜	可载	超载	临界	临界	稳定	较小			超载
	24#	临界	适宜	可载	超载	临界	适宜	退化				超载
	25#	临界	临界	可载	超载	临界	临界	稳定			萎缩	超载
	26#	适宜	适宜	可载	超载	临界	适宜	退化				超载
	27#	适宜	适宜	可载	超载	临界	适宜	稳定		稳定		超载

续表

市	评价单元	基础评价							专项评价			综合评估
		岸线	空间	渔业资源	海水环境	生态	海岛开发强度	海岛生态状况	开发用海区	渔业资源区	生态功能区	
舟山	28#	适宜	适宜	临界	超载	临界	适宜	稳定		严重受损	稳定	超载
	29#	适宜	适宜	临界	超载	临界	适宜	稳定		严重受损		超载
	30#	适宜	适宜	临界	超载	临界	适宜	退化	较小	严重受损		超载
	31#	适宜	适宜	临界	超载	临界	适宜	稳定		严重受损		超载
台州	32#	适宜	适宜	临界	超载	临界	适宜	退化				超载
	33#	适宜	适宜	临界	超载	临界	适宜	稳定				超载
	34#	适宜	适宜	临界	超载	临界	适宜	稳定				超载
	35#	适宜	适宜	临界	超载	临界	临界	稳定	较大			超载
	36#	适宜	适宜	临界	超载	临界	适宜	稳定		稳定		超载
	37#	适宜	适宜	临界	超载	临界	适宜	稳定				超载
温州	38#	适宜	适宜	临界	超载	临界	较高	显著退化			退化	超载
	39#	临界	临界	临界	超载	临界			较小			超载
	40#	—	适宜	临界	超载	临界	适宜	稳定				超载
	41#	适宜	适宜	临界	超载	临界	适宜	稳定				超载
	42#	适宜	适宜	临界	超载	临界	适宜	稳定			稳定	临界
	43#	适宜	适宜	临界	临界	临界	适宜	稳定		稳定	显著退化	超载

根据各评价单元海洋资源环境承载能力的综合承载类型，结合过程评价结果，确定区域综合预警等级如图9-9所示。除平阳县为轻警外，其他评价单元均为重警。

第六节　超载区域成因分析与对策预研

长江三角洲地区粗放型的发展模式在全国具有显著代表性，陆域资源环境已难以支撑区域社会经济的高速发展，向海洋要空间、要资源的需求与日俱增，对区域海洋资源环境也造成巨大的承载压力。再加上长江营养盐及其他污染物的大量输入，海洋资源环境超载现象较为严重。根据长江口及邻近海域资源环境承载能力的试评估结果，对超载成因及未来趋势展开分析。

一、超载成因分析

（一）海岸线开发强度较高

长江三角洲所处海岸是我国当前沿海经济发展规模和速度最快的地区之一，也是我国对外开放，发展外向型经济的主要区域。经济发展对海岸线资源的开发利用主要表现在以

图 9-9　长江口及邻近海域资源环境承载能力预警等级分布示意图

下几个方面。（1）大型港口建设形成比例较高的港口海岸线。区域内港口海岸线长度超过将近 100 km，主要集中在北仑-舟山港、宝山港、连云港、温州港、南通港等大型港口区域。港口海岸线建设直接改变了海岸原生地形地貌格局，毁灭了海岸带原有生态系统。所以上述大型港口区域也是海岸线承载力较高的区域，例如上海市宝山港所在的宝山区、连云港所在的连运港市辖区、北仑港所在的浙江省镇海区等。（2）淤涨型海岸农业围垦形成比例较高的农渔业人工海岸线。长江三角洲区域是长江、淮河、钱塘江、瓯江等诸多大型河流的入海口，河流从上游流域源源不断地携带来大量泥沙淤积在河口区域，形成不断淤涨的淤泥质海岸。这种淤涨型海岸的农业围垦开发利用历史悠久，开发利用规模很大，几乎遍及所有的淤涨型海岸线，典型区域集中在长江口所在的上海市、杭州湾及江苏省南通市。所以海岸线承载力较高和临界超载区域多处于这种淤涨型海岸线所在行政区域。（3）围填海造地形成一定比例的人工海岸线。长江三角洲区域的围填海造地活动主要集中在瓯江口、苏北海岸的连云港市、盐城市和南通市，围填海造地直接埋没了原生海岸线，并在围填海域形成新的人工海岸线，改变了海岸线自然格局和生态系统。以上围填海着地集中的龙湾区、通州区、鄞州区和连云港市辖区也是海岸线承载力指数较高的区域。

（二）渔业资源衰退

海洋捕捞能力超出了渔业资源的再生数量。渔业资源具有再生产的能力，种群本身能够通过自然繁殖、生长、死亡、补充等生命周期实现自然资源的延续，但种群的自我更新和世代更替需要资源水平维持在一定的规模并依赖着适应的生存生境。从长期的发展历程来看，为缓和经济、社会发展和日益高涨的物质需求这一矛盾以及公地效应的资源滥用，人们源源不断地向海洋掠取大量的高质量的动物蛋白，使得渔业资源的自我更替无法满足社会需求，当捕捞产量长期超过剩余产量时，渔业资源的总生物量大肆减少，种群的自我更替速度降缓，甚至是未完成自我繁殖时即被提前捕捞，再加上鱼类个体小型化，导致了生殖群体数量短缺，质量下降，生殖节律遭到破坏。

（三）海洋环境污染压力巨大

海洋环境承载状况评估结果表明，长江口及邻近海域全年海洋环境承载力可载区域比例为0%，海洋环境污染压力较大。超载区域基本集中于长江口-杭州湾海域，本区域近岸水环境污染特点是"陆源污染为主、流域污染为主"，80%~90%的污染物来自入海河流。影响长江口及邻近海域环境的主要是来自流域的污染物，本区域承接着中国最大的长江流域，整个流域有诸多干流和支流，横跨中国东部、中部和西部三大经济区，共计19个省、市、自治区，是世界第三大流域，流域总面积180万 km^2，占中国国土面积的18.8%。长江经济带是我国最重要的经济体，流域内城市有186个，人口超过200万的特大城市就有4个。但是，多方面信息显示，长江水体污染依然严重，来自中下游的工业排污、农业种植等难以控制的面源污染、大量养殖业聚集造成的湖区水体富营养化等问题，仍然在使长江生态持续恶化。目前长江干流60%的水体都已受到不同程度的污染，其中工业和人口比较密集的长江中下游上千千米河段，沿岸水质基本都在三类和四类之间。

（四）未来趋势与挑战

作为"中国经济脊梁"的长江经济带，如何处理保护和开发的关系，成了摆在各级政府面前的重大课题。2016年环境保护部部长陈吉宁说：当前长江流域开发和生态安全保护之间存在着非常尖锐的矛盾，生态环境保护面临着巨大的挑战。主要包括3个方面的问题：①流域的整体性保护不足，破碎化、生态系统退化趋势在加剧；②污染物的排放量大，风险隐患大，饮用水安全保障的压力大；③重点区域的发展和保护的矛盾十分突出，重点湖泊富营养化，一些城市群的大气污染形势严峻。具体就海洋而言，主要面临以下挑战。

（1）沿海地区工业化、城镇化进程加快。"十二五"期间，江苏、上海和浙江均将石化、化工等产业向沿海转移，围填海需求高涨。沿海临港工业密集，也加重了海洋环境事故风险，特别是对于同样作为生态重点区、人口密集区、公众亲海区的近岸海域，海洋环境事故风险防范和应急处置的压力巨大。"十三五"期间，长江经济带沿海地区仍然需要通过围填海建设提供低成本的土地资源，承接土地和人力资源消耗较大的产业，推动经济发展。根据对日本、韩国等围填海发展历程的分析发现，在快速城市化和工业化阶段，这些国家都经历了围填海规模迅速扩张时期，而后城镇和工业用围填海速度放慢。

（2）以长江等大江大河输入为主的氮、磷污染减排任务艰巨。长江口及邻近海域作为具有多种功能的重要海域，水体质量越来越多地受到人类活动的影响。对长江口及其邻近海域的营养盐污染状况分析表明：海域总体营养盐超标严重；氮、磷污染物的来源主要为径流携带入海，营养盐污染特征显示自入海口向外围、由近岸向远岸迅速递减。富营养化程度较为严重，赤潮频发，而且规模大，持续时间长。与近30年来，长江流域，特别是苏、浙、沪地区经济发展快，人口集中，沿海和海洋环境压力大，导致环境问题突出有关。《长江中下游流域水污染防治规划》、《长江经济带生态环境保护规划》等规划的颁布也与目前环境污染问题严重有关，这些规划为长江污染控制和生态保护指出了目标和具体要求。

（3）海洋资源不足和生态受损的态势短期内难以扭转。①区域内海洋纳污能力不足，由于污染自净能力有限，在承载了长江、钱塘江以及淮河等诸多河流及近岸众多排污口的大量输入，近岸海域水质普遍为四类和劣四类，已不能有效发挥消纳陆源社会经济活动排污的服务功能。②无论是作为生态系统基础的浮游和底栖生物，还是高营养级的游泳动物和经济生物，以及具有重要生态功能的滨海湿地等，均呈现系统性的退化趋势，在海域承载的经济社会发展压力居高不下的情境下，短期内难以得到系统性恢复或修复。可以肯定的是，当未来扩散效应出现，人口和产业沿着经济梯度方向转移时，海岸带和近岸海域的生态压力将会更大。

二、对策建议

（一）海岸线和海域开发强度控制

（1）贯彻落实海洋主体功能区规划和海洋功能区划制度，编制实施海岸带综合保护与开发利用规划，明确各类岸线和海域的利用方向、开发强度与保护要求，优化海洋资源开发保护的空间布局，科学划定长江三角洲沿海县级行政区的海洋生产、生活、生态空间开发管制界限，划定禁止围填海区、禁止开发区等，强化各级政府的主体责任，控制和规范各类用海行为。

（2）制定并实施海岸线保护与利用规划制度，落实自然海岸线保有率管控要求。根据《海岸线保护与利用管理办法》，实施海岸线分类保护制度，控制港口码头建设占用海岸线资源，集约/节约利用现有港口海岸线，提高单位港口岸线的吞吐量、产值及利润。

适度利用淤涨型海岸线，控制盐城市、南通市、杭州湾等淤涨型海岸线开发强度。对生态破坏严重的海岸线，结合"蓝色海湾"整治修复工程开展海岸线生态化修复，清理废弃养殖池塘和私围滥堵海岸工程，恢复淤泥质海岸自然地貌景观。开展自然海岸线动态监测与评估工作，计算自然岸线保有率，通过加强自然海岸线保护，海岸线生态修复等工作，确保达到自然海岸线保有率管控要求。

（3）合理利用淤涨型海岸滩涂资源。开展淤涨型海岸围填海适宜规模调查研究，科学确定淤涨型海岸围填海造地的适宜规模，以此为依据实施围填造地总量控制制度，严格围填海计划管理制度，集约、高效利用淤涨型滩涂资源。同时严格控制在河口、海湾等生态敏感区、环境脆弱区实施围填海造地活动，维护海岸生态系统服务功能。

（4）合理优化养殖用海空间格局。结合长江三角洲近岸海域水体环境质量特征和水产品质量控制标准，合理优化养殖用海空间格局，适度控制毗邻海岸线区域的水产养殖密度和强度，以降低近岸海域水环境质量压力；拓展离岸、远海养殖空间，发展深远海海洋牧场，提升水产养殖产品品味与质量。

（二）海洋渔业资源可持续开发利用

（1）保护鱼类基本栖息地环境，积极开展重要渔业水域的生态修复和资源恢复重建。沿海环境污染和涉海工程使得许多经济鱼类产卵和生长洄游通道的生态环境遭到破坏，适宜生境范围缩小，再加上高强度捕捞使生殖群体数量大量减少，客观上导致生殖群体无法集群自然繁殖。因此应加强渔业资源关键栖息地保护和生境修复工作，对亟待保护的目标物种和功能水域，逐步建立布局合理、类型齐全的自然保护区体系，针对资源衰竭物种，重点保护产卵场、育幼场、索饵场、越冬场及其洄游通道；在受损关键栖息地，开展典型生态水域高生产力化和栖息地再建技术；对补充型过度捕捞种群，加强人工繁殖和增殖放流工作，并同步加强增殖效果评估技术、增殖资源养护管理技术。同时应综合开展河流入海生态用水的保障控制、陆源污染治理等工作，严格控制围填海区域、强度和填海方式等，严格限制涉海工程建设与渔业生物产卵场地的用海争夺，降低涉海工程对渔业资源的影响。

（2）加强渔业资源调查研究力度，增强渔业资源评估和管理的科学性。建立健全海洋渔业资源监测制度，加大渔业资源的科研投入，以资源管理的需要为主要目标，深入研究渔业资源的基础问题，及时为科学的渔业管理提供技术支撑。注重对重要经济鱼种的产卵生态、索饵生态的跟踪监测。对特定海域、特定的资源种类开展专题评价，研制渔业资源评估技术和保护策略。

（3）坚持投入和产出管理相结合，逐步完善渔业管理制度和法律法规。在渔业管理政策措施方面，继续巩固和完善我国既有的海洋捕捞渔船"双控"、伏季休渔、禁渔区等卓有成效的渔业管理措施，在此基础上，进一步拓展制定并尽快实施相关的渔业管理措施。在投入控制层面，强化渔业捕捞许可制度，健全和完善捕捞渔业准入体系建设；在产出控制层面,加强渔捞日志上报制度,建立健全上岸渔获的统计管理体系,贯彻执行渔获物最小可捕标准规定;积极吸纳引导渔民参与渔业自治,通过培育发展渔民协会等渔业组织,探索市场经济条件下现代渔业管理新模式。

(三) 近岸海域污染防治

1. 落实近岸水质考核

近岸水质考核是《水污染防治行动计划》的重要组成部分,将近岸海域环境保护工作纳入沿海城市绩效考评范畴,强化近岸水质考核、入海断面考核工作机制,落实各级政府对辖区近岸海域环境质量负责的法定职责,严格实行辖区入海断面水质管理考核,促进近岸海域环境质量改善和污染的有效治理,实现近岸海域和入海断面的双达标。

2. 开展入海河流治理

依托"河长制"加大入海河流的保护与整治力度,从控源减污、内源治理、水量调控等方面,因地制宜采取取缔非法入河排污口、整改规范沿岸养殖活动、拆除河道及沿岸非法建筑、开展生态保护与修复等工程和管理措施,加大环境监督管理力度,建立长效管理机制,确保河流水质逐步改善,到2020年,纳入《水污染防治行动计划》考核范围的入海河流全部达到水质目标要求。

3. 控制城镇污水排放

规范入海排污口管理。对已建和在建入海排污口进行全面调查,确定各排污口污染治理责任单位,对城镇污水处理设施进行登记,编制非法和设置不合理排污口名录,确定各排污口具体整治要求。根据近岸海域水质考核要求,围绕无机氮等主要污染物因地制宜确定排放控制指标,并纳入污染物排放总量约束性指标。以排污许可为抓手严控工业固定污染源污染物排放,工业集聚区应按规定建成污水集中处理设施,并安装自动在线监控装置。提高城镇污水处理设施氮、磷去除能力,加强畜禽养殖和农村面源污染控制。

4. 完善推动环保非政府组织发展的法律法规制度

陆海污染联防联控,需要公民社会内部的合作和协调,需要公民与政府、企业之间进行协商合作。从世界范围来看,较之公民个人单独参与环境保护,环保非政府组织更有优势,由于拥有广泛的民众基础,能较直接地代表广大民众的需求,因此能更好地促进政府决策科学化民主化,提高政府管理能力。非营利性、公益性、专业性又决定了它能成为优化政府行为、企业行为的制衡力量,可以在政府与市场之间、政府与企业之间、企业与企业之间,甚至地方政府与地方政府之间发挥协调的功能。

5. 出台鼓励环境治理方式创新的政策制度

陆海污染联防联控的关键是设计和选择有效的治理方式，除了引入排污收费、生态补偿、排污权交易等市场手段外，还可以采用沟通、志愿、规劝等自愿手段创新治理方式，化解长三角地方政府海洋环境合作治理的行政管制（以命令为主的传统治理方式）的弊端，提高政府以外的其他主体的积极性，特别是企业参与环境合作治理的积极性。

第十章 环渤海海域资源环境承载能力评价预警实践

第一节 环渤海海域资源环境概况

渤海是我国唯一的内海,其三面环陆,仅东面通过渤海海峡与黄海相连,水域封闭性强,自净能力弱。渤海沿岸入海河流众多,流域范围广阔,陆源人为活动的影响显著,导致渤海资源环境面临巨大压力。目前,渤海资源开发处于过度状态,近岸局部海域污染仍然严重,部分区域海洋生态系统功能持续退化,渤海资源环境承载能力整体上已处于超载状态,需要尽快构建渤海资源环境承载能力监测预警业务体系,进一步深化对人为活动影响下渤海资源环境状况及趋势的科学认知,特别是分区分类实施基于渤海资源环境承载能力的精细化综合管控,制定和落实限制性措施和激励导向机制,切实保障和引导渤海生态环境和环渤海经济社会的综合协调可持续发展,践行生态文明理念,构建人-海和谐关系。

一、渤海海域资源环境基本概况

渤海的渔业资源、矿产资源、空间资源、旅游资源等均较为丰富,为环渤海经济社会发展提供了极为重要的支持作用。渤海有丰富的渔业生物资源,目前记录的 160 余种鱼类中约有一半属于洄游性种类,而且这些洄游的鱼类经济种类多,均是我国近岸分布种类。渤海的滨海湿地功能显著,为珍稀鸟类等生物提供栖息地,为候鸟提供了迁徙通道,为河蟹等动物提供育幼场,还具有维持地下水资源、调节气候、保护岸线等功能,湿地植被对净化渤海水质、减轻渤海富营养化程度具有极为重要的作用。渤海是一个油气资源十分丰富的沉积盆地,油气田面积 58 327 km²,现已发现油气田和含油气构造 72 个,是一个含油气资源十分丰富的第三系沉积盆地,石油资源量 76.7 亿 t,天然气资源量 1 万亿 m³。渤海海上油田与近岸的胜利油田、大港油田和辽河油田三大油田一起构成我国第二大产油区。渤海海上石油是我国海洋石油开发的先驱,在全国六大海洋油气沉积盆地中,物探工作开展最早、钻井数目最多、已建成的固定生产平台占全国同类平台总数的 90% 以上,为环渤海地区经济社会的持续发展提供了战略保障。

长期以来,环境污染、生态退化、灾害频发三大问题已成为环渤海经济社会持续发展的痛点,渤海已成为公众对我国海洋生态环境问题关注的焦点。从 2001—2017 年渤海海水环境质量变化大致分为两个阶段:2001—2012 年,海水质量持续恶化,2001 年渤海劣四类严重污染海域仅占 1.8%,到 2012 年渤海劣四类严重污染海域比例增至 16.8%;

2013—2017 年，海水质量呈现好转趋势，2017 年劣四类严重污染海域下降到 4.2%（图 10-1）。

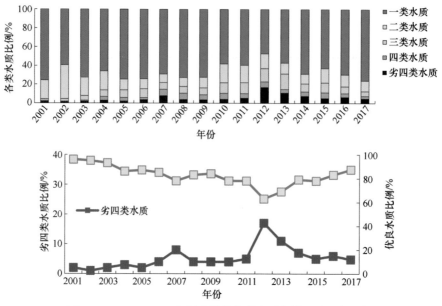

图 10-1　2001—2017 年夏季渤海各类水质海域面积比例趋势

辽东湾、莱州湾、渤海湾是渤海最重要的 3 个海湾，历年中国海洋环境状况公报结果显示，渤海三大湾的优良水质比例在 60%～80%，2012—2017 年间，渤海三大湾的优良水质（符合一、二类海水水质标准）海域的比例均有所上升，劣四类海域均有所下降（图 10-2）。

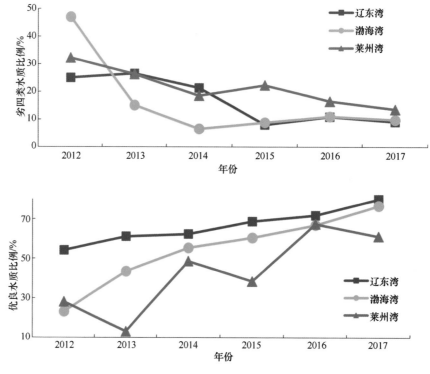

图 10-2　2002—2017 年渤海三大湾劣四类和优质水质比例变化情况

渤海海域由于受流域入海的无机氮、活性磷酸盐等的影响，海域水体富营养化程度高，近岸局部海域污染较为严重（图10-3）。《2017年中国海洋环境质量公报》显示，冬季、春季、夏季和秋季，渤海海域超第一类海水水质标准的海域的比例分别达66%、31%、24%和42%，季节性差异较大，总体上夏季水质状况相对较好。劣于第四类海水水质标准的海域的比例分别为9%、6%、5%和5%。严重污染海域主要分布在辽东湾、普兰店湾、渤海湾、莱州湾、黄河口等近岸海域。超标因子主要为无机氮和活性磷酸盐，局部海域化学需氧量、石油类等超第一类海水水质标准。

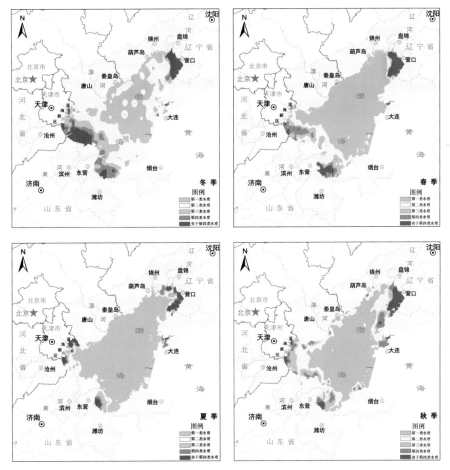

图10-3 渤海海域2017年综合水质

生态系统退化趋势尚未得到根本扭转，渤海重要河口和海湾生态系统均处于亚健康或不健康状态，长期开发破坏和污染损害对生态系统的影响日益显现[68,76]。双台子河口、滦河口-北戴河、渤海湾、黄河口、莱州湾等典型生态系统处于亚健康状态，锦州湾典型生态系统处于不健康状态，陆源污染、过度捕捞等因素是导致渤海典型生态系统处于不健康或亚健康状态的主要原因。污染损害事故和赤潮等生态灾害频发，2017年渤海赤潮发生12次，覆盖面积共计180.4 km^2。褐潮、金潮等新型灾害已经造成了较为严重的影响。总体来看，渤海已有的治理成效基础尚不稳固，整体仍处于保护与破坏、改善与恶化相持的关键阶段。

二、环渤海海洋资源环境承载能力评价范围与数据来源

环渤海海洋资源环境承载能力评价范围涵盖辽宁省、河北省、天津市和山东省在渤海所辖的海域，总面积共约 3.7 万 km²。评价单元的划分以县级行政区为基本评价单元，县级海域边界依据已批复的海域勘界资料，并将海域面积较小的部分市辖区各县级行政区进行归并，共划分为 38 个评价单元（表 10-1）。其中，由于沿海海洋渔业资源和海洋生态调查与监测的数据代表性不足，故以地级市为单元。

表 10-1 渤海近岸海域资源环境承载能力评价单元

单元编号	评价名称	所属市	所属省	管辖海域面积/（100 hm²）
1#	旅顺口区			1 835.00
2#	甘井子区			710.00
3#	金州区	大连市		769.00
4#	普兰店区			4.00
5#	瓦房店市			3 107.00
6#	盖州市			698.00
7#	鲅鱼圈区	营口市		354.00
8#	营口市辖区		辽宁省	430.00
9#	大洼县	盘锦市		585.00
10#	盘山县			752.00
11#	凌海市	锦州市		937.00
12#	连山区			82.00
13#	龙港区			590.00
14#	兴城市	葫芦岛市		1 082.00
15#	绥中县			1 667.00
16#	秦皇岛市辖区			844.00
17#	抚宁县	秦皇岛市		197.00
18#	昌黎县			725.00
19#	乐亭县		河北省	2 345.00
20#	曹妃甸区	唐山市		590.00
21#	滦南县			961.00
22#	丰南区			167.00
23#	黄骅市	沧州市		882.00
24#	滨海新区	天津滨海新区	天津市	1 665.00

续表

单元编号	评价名称	所属市	所属省	管辖海域面积/（100 hm²）
25#	无棣县	滨州市	山东省	537.00
26#	沾化县			293.00
27#	河口区	东营市		3 141.00
28#	垦利县			2 239.00
29#	东营区			468.00
30#	广饶县			228.00
31#	寿光市	潍坊市		258.00
32#	寒亭区			311.00
33#	昌邑市			756.00
34#	莱州市	烟台市		1 878.00
35#	招远市			319.00
36#	龙口市			1 081.00
37#	蓬莱市			234.00
38#	长岛县			3 142.00

　　环渤海海洋资源环境承载能力评价的海洋功能区划数据依据《辽宁省海洋功能区划（2011—2020 年）》、《河北省海洋功能区划（2011—2020 年）》、《天津市海洋功能区划（2011—2020 年）》和《山东省海洋功能区划》（2011—2020 年），主要海洋功能区类型包括农渔业区、港口航运区、工业与城镇建设区、矿产与能源区、旅游休闲娱乐区、海洋保护区、特殊利用区和保留区，各个海洋功能区空间布局见图 10-4。

　　本次试点评估年度为 2017 年，评价所用数据资料主要从历年海洋生态环境监测和保护管理、海域使用管理、海洋渔业管理、区域社会经济统计、海洋经济统计、海洋环境状况公报、遥感及文献资料中获取。具体情况见表 10-2。

表 10-2　评价主要数据来源

指标分类	指标	数据来源	年份
海洋空间资源	海岸线承载力指数	LANDSAT-8、HJ-1A/1B、SPOT-5/6、GF-1/2、ZY-3、海洋功能区划数据、海域使用确权数据，海洋功能区划数据	2007，2017
	海域空间开发承载力指数		
海洋渔业资源	渔业资源综合承载指数	渔业资源专项调查，常规性动态监测；《中国渔业统计年鉴》	2007—2017

续表

指标分类	指标	数据来源	年份
海洋生态环境	海洋环境承载指数	海洋业务化监测数据、第一次全国污染普查资料、中国环境统计年鉴	2006—2017
	海洋生态承载指数	海洋业务化监测数据、环境减灾卫星数据、Landsat TM卫星数据、中巴资源卫星数据卫星遥感数据	1990，2005—2017
	滩涂面积保有率	Landsat TM 卫星遥感数据（30 m，6 景）、Landsat-8 卫星遥感数据（15 m，1 景）、高分-1 卫星遥感数据（16 m，1 景）、环境减灾卫星（30 m，7 景）	1990，2017
	典型生境植被覆盖度变化率	中巴资源卫星 02B 星、高分-1 卫星遥感数据（16 m，1 景）、环境减灾卫星（30 m，7 景）	2008、2017
海岛资源环境	无居民海岛开发强度	908 调查的卫星遥感影像和航空遥感影像，高分一号和资源三号卫星遥感影像	2007，2017

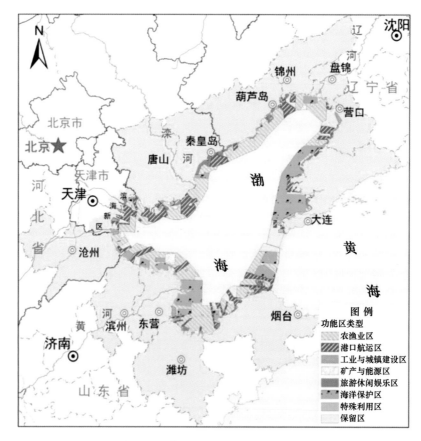

图 10-4　渤海近岸海域海洋功能区划

第二节 基础评价结果

根据前文所述的海洋资源环境承载能力基础评价方法，收集相关数据开展环渤海海域海洋空间资源、海洋渔业资源、海洋生态环境、无居民海岛资源环境承载力基础评价。

一、海洋空间资源承载力评价结果

（一）海岸线开发承载力监测评价

依据海岸线承载力指数（R_1）监测和评价方法，环渤海海岸线承载力指数评价结果见表10-2。在36个评价单元中，海岸线承载力指数较高的区域有22个，分别是3#、6#、7#、9#、10#、11#、12#、13#、14#、15#、18#、19#、20#、23#、24#、25#、27#、28#、31#、32#、33#和34#，海岸线承载力指数分别达到1.23、1.11、1.34、1.33、3.85、1.31、1.71、1.18、1.16、1.45、1.17、1.39、1.20、1.28、1.13、1.33、1.60、3.08、1.27、2.29、1.67、1.15，以辽宁省10#的3.85为最高。海岸线承载力指数处于临界超载的区域有6个，分别是5#、8#、16#、21#、22#、36#，海岸线承载力指数分别是1.04、1.04、0.99、1.02、0.97、0.99。其他8个区域海岸线承载力指数均小于0.90，属于海岸线承载力适宜区域，其中1#、26#、30#海岸线承载力指数都均在0.80以下。

表10-2 环渤海海岸线承载指数监测评价结果

评价单元	P_A	P_{C0}	R_1	评估结果	赋值
旅顺口区	0.27	0.32	0.84	适宜	1
甘井子区	0.21	0.27	0.78	适宜	1
金州区	0.46	0.37	1.23	较高	3
瓦房店市	0.44	0.42	1.04	临界	2
盖州市	0.58	0.52	1.11	较高	3
鲅鱼圈区	0.88	0.66	1.34	较高	3
老边区	0.46	0.44	1.04	临界	2
大洼县	0.57	0.43	1.33	较高	3
盘山县	0.36	0.09	3.85	较高	3
凌海市	0.54	0.41	1.31	较高	3
连山区	0.62	0.36	1.71	较高	3
龙港区	0.58	0.49	1.18	较高	3
兴城市	0.39	0.34	1.16	较高	3
绥中县	0.51	0.35	1.45	较高	3

续表

评价单元	P_A	P_{C0}	R_1	评估结果	赋值
秦皇岛市辖区	0.50	0.50	0.99	临界	2
抚宁县	0.08	0.33	0.23	适宜	1
昌黎县	0.20	0.18	1.17	较高	3
乐亭县	0.56	0.40	1.39	较高	3
曹妃甸区	0.80	0.67	1.20	较高	3
滦南县	0.52	0.51	1.02	临界	2
丰南区	0.44	0.46	0.97	临界	2
滨海新区	0.79	0.61	1.28	较高	3
黄骅市	0.71	0.63	1.13	较高	3
无棣县	0.39	0.30	1.33	较高	3
沾化县	0.42	0.52	0.80	适宜	1
河口区	0.43	0.27	1.60	较高	3
垦利县	0.17	0.06	3.08	较高	3
东营区	0.54	0.69	0.78	适宜	1
广饶县	0.59	0.72	0.82	适宜	1
寿光市	0.70	0.55	1.27	较高	3
寒亭区	0.79	0.35	2.29	较高	3
昌邑市	0.52	0.31	1.67	较高	3
莱州市	0.51	0.44	1.15	较高	3
招远市	0.09	0.25	0.37	适宜	1
龙口市	0.50	0.51	0.99	临界	2
蓬莱市	0.28	0.56	0.51	适宜	1

　　根据海岸线开发承载力评价结果等级划分标准，环渤海地区海岸线开发承载力较高的区域有 22 个，主要分布在辽东湾的 9#~15#，渤海西岸的 19#~22#，渤海湾的 23#~25#，以及莱州湾的 31#~33#等区域；海岸线开发承载力临界区域有 6 个，分别是 5#、8#、16#、21#、22#和36#；海岸线开发承载力适宜区域有 8 个，分别是 1#和2#、17#、26#、29#和30#、35#和37#。环渤海地区海岸线开发承载力评价结果空间分布见图 10-5。

（二）海域资源开发承载力监测与评价

　　按照海域资源开发承载力监测评价方法，计算环渤海 37 个评价单元近岸海域开发效应指数（P_E）及海域开发承载力指数（S_2）及承载等级（表 10-3），4#、9#、11#、20#和31#海域开发效应指数明显高于区域平均水平，分别达到 0.26、0.22、0.17、0.25 和

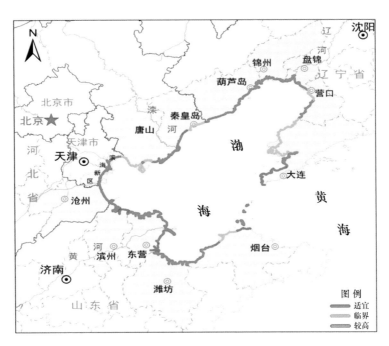

图 10-5　环渤海地区海岸线开发承载力等级分布

0.27，其他区域海域开发效应指数均小于 0.15。环渤海经济圈沿海县级行政区海域开发承载力评价标准（P_{M0}）介于 0.21~0.65 之间。在此基础上，获得环渤海经济圈邻近海域 38 个评价单元中，辽宁省的 3#、4#、5#、9#、11#、河北省的 20#、山东省的 31#海域开发承载力指数都大于 0.30，属于海域开发承载力较高超载区域。辽宁省的 7#、8#、河北省的 23#、天津市的 24#、山东省的 26#、33#海域开发承载力指数都大于 0.15，且小于 0.30，属于海域开发承载力临界超载区域。而其他 25 个评价单元的海域开发承载力指数都小于 0.15，属于海域开发承载力适宜区域。其中辽宁省的 10#、12#、14#、山东省的 25#、29#、33#海域开发承载力指数都大于 0.10，属于海域开发承载力适宜区域中开发强度较大的区域（图 10-6）。

表 10-3　环渤海近岸海域空间资源承载力指数监测评价结果

评价单元	P_E	P_{M0}	R_2	评估结果
旅顺口区	0.01		0.03	适宜
甘井子区	0.02	0.23	0.09	适宜
金州区	0.1	0.26	0.41	较高
普兰店区	0.26	0.24	1.09	较高
瓦房店市	0.1	0.33	0.3	较高
盖州市	0.04	0.44	0.08	适宜

续表

评价单元	P_E	P_{MO}	R_2	评估结果
鲅鱼圈区	0.12	0.57	0.22	临界
老边区	0.06	0.25	0.24	临界
大洼县	0.22	0.39	0.56	较高
盘山县	0.05	0.4	0.13	适宜
凌海市	0.17	0.51	0.34	较高
连山区	0.08	0.61	0.13	适宜
龙港区	0.04	0.64	0.06	适宜
兴城市	0.06	0.57	0.11	适宜
绥中县	0.01	0.59	0.02	适宜
秦皇岛市辖区	0.01	0.64	0.01	适宜
抚宁区	0.04	0.6	0.06	适宜
昌黎县	0.04	0.5	0.08	适宜
乐亭县	0.05	0.61	0.08	适宜
曹妃甸区	0.25	0.66	0.38	较高
滦南县	0.01	0.64	0.01	适宜
丰南区	0.01	0.64	0.02	适宜
黄骅市	0.08	0.52	0.16	临界
天津市	0.13	0.59	0.23	临界
无棣县	0.05	0.41	0.12	适宜
沾化区	0.1	0.49	0.21	临界
河口区	0.03	0.54	0.05	适宜
垦利区	0.02	0.29	0.06	适宜
东营区	0.05	0.43	0.12	适宜
广饶县	0.05	0.52	0.09	适宜
寿光市	0.27	0.58	0.46	较高
寒亭区	0.13	0.56	0.24	临界
昌邑市	0.06	0.55	0.1	适宜
莱州市	0.03	0.57	0.06	适宜
招远市	0.02	0.33	0.05	适宜
龙口市	0.03	0.52	0.05	适宜
蓬莱市	0.04	0.65	0.06	适宜
长岛县	0.01	0.43	0.02	适宜

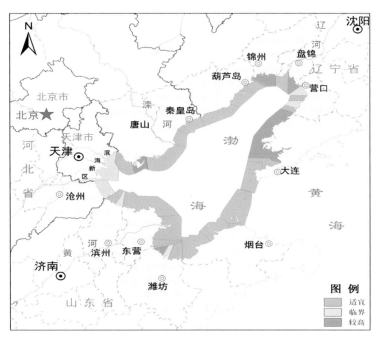

图 10-6　环渤海经济圈邻近海域空间承载力等级分布

二、海洋渔业资源承载能力评价结果

（一）津冀与山东近岸海域

根据河北和天津近岸海域渔业调查资料①，渤海海域主要经济渔业种类包括小黄鱼、鲅鱼、鲳鱼、鳀鱼、斑鰶、黄鲫、梭鱼、鮃鲽等鱼类；中国对虾、鹰爪虾、三疣梭子蟹、口虾蛄等甲壳类；枪乌贼、蛸类等头足类。根据山东省渤海区域邻近海域渔业资源调查资料，结合渔业捕捞产量和市场情况，确定主要经济渔业种类 36 种，其中鱼类有半滑舌鳎、大泷六线鱼、带鱼、多鳞鱚、褐牙鲆、黑鲷、花鲈、黄鲫、蓝点马鲛、绿鳍马面鲀、皮氏叫姑鱼、石鲽、鲹、鳀、小黄鱼、许氏平鲉、银鲳、白姑鱼、鲬、圆斑星鲽、真鲷、鲻、黄鮟鱇 23 种；甲壳类有中国对虾、脊尾白虾、鹰爪虾、口虾蛄、葛氏长臂虾、日本对虾、日本蟳、三疣梭子蟹、中华管鞭虾、中华虎头蟹、周氏新对虾 11 种；头足类有短蛸、长蛸 2 种。

1. 游泳动物指数

根据各航次经济渔业种类占总渔获量比例（ES），以及 2015 年与 2012—2014 年平均

---

① 数据来源于 2012—2015 年春季和夏季"渤海渔业资源动态监测"，以及 2015 年"南港调查"和"人工鱼礁监测"等数据资料，游泳动物调查网具为单船底拖网，囊网网目 20 mm，网口宽度 10 m，每站拖网 0.5~1.0 h，拖网速度 2~3 kn。

值比较的变化状况（ΔES），并确定其评价等级。游泳动物营养等级的划分主要参照文献
研究成果。采用2012—2014年各航次监测所得营养级指数的最高值为区域评价标准（TL-std），评价渔获物营养级的变化状况（ΔTL），并确定其评价等级（表10-3）。

表 10-3　渔获物营养级状况分级试评估结果

评价单元	TL（2017）	TL-std	ΔTL/%	评估结果	赋值
秦皇岛海域	3.75	3.73	+0.54	基本稳定	3
唐山海域	3.85	3.83	+0.16	基本稳定	3
沧州海域	3.81	3.80	+0.26	基本稳定	3
天津海域20渔区	3.77	3.95	-4.58	下降	2
天津海域34渔区	3.87	4.01	-3.34	下降	2
滨州海域	3.52	3.45	2.04	基本稳定	3
东营海域	3.50	3.46	1.22	基本稳定	3
潍坊海域	3.50	3.46	0.99	基本稳定	3
烟台海域（渤海）	3.53	3.62	-2.55	基本稳定	3

根据各评价单元渔获物经济种类比例（ES）和营养级状况（TL）的平均值，计算游泳动物指数（F_1）并评价其等级（表10-4）。唐山和沧州海域均呈下降趋势，其他海域基本稳定。

表 10-4　游泳动物指数分级试评估结果

评价单元	ES	TL	F_1	评估等级
秦皇岛海域	2	3	2.5	基本稳定
唐山海域	1	3	2.0	下降
沧州海域	1	3	2.0	下降
天津海域20渔区	3	2	2.5	基本稳定
天津海域34渔区	3	2	2.5	基本稳定
滨州海域	3	3	3	基本稳定
东营海域	3	3	3	基本稳定
潍坊海域	1	3	2	下降
烟台海域（渤海）	1	3	2	下降

2. 鱼卵仔稚鱼指数

根据各评价单元鱼卵密度（F_E）和仔稚鱼密度（F_L）的加权平均值，计算鱼卵仔稚

鱼指数（F_2）并评价其等级（表 10-5）。天津海域 34 渔区鱼卵仔稚鱼指数显著下降，秦皇岛海域和天津海域 20 渔区呈下降趋势，唐山和沧州海域基本稳定。

表 10-5　鱼卵仔稚鱼指数分级试评估结果

评价单元	F_E	F_L	F_2	评估等级
秦皇岛海域	3	2	2.2	下降
唐山海域	1	3	2.6	基本稳定
沧州海域	1	3	2.6	基本稳定
天津海域 20 渔区	1	2	1.8	下降
天津海域 34 渔区	1	1	1.0	显著下降
滨州海域	1	1	1.0	显著下降
东营海域	1	1	1.0	显著下降
潍坊海域	3	3	3.0	基本稳定
烟台海域（渤海）	3	1	1.4	显著下降

3. 渔业资源综合承载指数

综合各评价单元游泳动物指数（F_1）、鱼卵仔稚鱼指数（F_2）的评价结果进行加权平均，得到海洋渔业资源承载能力综合等级（F）（表 10-6）。综合评估结果表明，河北、天津海域各评价单元的渔业资源承载能力综合等级均为"临界超载"。导致渔业资源承载能力降低的主要原因是鱼卵仔稚鱼密度减少。

表 10-6　海洋渔业资源承载能力综合等级试评估结果

评价单元	F_1	F_2	F	评估结果	赋值
秦皇岛海域	2.5	2.2	2.38	临界超载	2
唐山海域	2.0	2.6	2.24	临界超载	2
沧州海域	2.0	2.6	2.24	临界超载	2
天津海域 20 渔区	2.5	1.8	2.22	临界超载	2
天津海域 34 渔区	2.5	1.0	1.90	临界超载	2
滨州海域	3	1.0	2.2	临界超载	2
东营海域	3	1.0	2.2	临界超载	2
潍坊海域	2	3.0	2.4	临界超载	2
烟台海域（渤海）	2	1.4	1.8	临界超载	2

(二) 辽宁省渤海近岸海域

根据辽宁省渤海区域邻近海域渔业资源调查资料，结合渔业捕捞产量和市场情况，确定主要经济渔业种类 36 种，其中鱼类有鳀、黄鲫、斑鰶、鲮、鲻、带鱼、黑鲷、真鲷、花鲈、蓝点马鲛、棘头梅童鱼、小黄鱼、白姑鱼、许氏平鲉、银鲳、斑尾刺虾虎鱼、大泷六线鱼、鲬、绿鳍马面鲀、石鲽、褐牙鲆、半滑舌鳎、黄鮟鱇 23 种；甲壳类有中国对虾、脊尾白虾、鹰爪虾、口虾蛄、葛氏长臂虾、日本对虾、中华管鞭虾、周氏新对虾、日本蟳、三疣梭子蟹 10 种；头足类有短蛸、长蛸、枪乌贼 3 种。

1. 游泳动物指数

评估各年度经济渔业种类占总渔获量比例（ES），以及 2017 年与 2014—2016 年平均值比较的变化状况（ΔES），并确定其评价等级（表 10-7 和表 10-8）。

表 10-7　主要经济种类占总渔获量比例（2014—2017 年）　　单位：%

评价单元	ES（2014 年）	ES（2015 年）	ES（2016 年）	ES（2017 年）
大连海域（渤海）	59.46	42.86	44.19	30.95
营口海域	53.45	64.10	52.73	45.83
盘锦海域	52.38	43.75	46.94	51.43
锦州海域	34.55	58.33	33.33	43.14
葫芦岛海域	60.98	34.55	37.93	38.78

表 10-8　渔获物经济种类比例变化分级试评估结果　　单位：%

评价单元	ES（2017）	$ES\text{-}ave$	ΔES	评估结果	赋值
大连海域（渤海）	48.83	-17.88	-36.62	显著下降	1
营口海域	56.76	-10.93	-19.25	显著下降	1
盘锦海域	47.69	3.74	7.84	显著下降	3
锦州海域	42.07	1.07	2.54	显著下降	3
葫芦岛海域	44.48	-5.71	-12.83	显著下降	1

近海渔获物营养级指数（TL）评估结果如表 10-9 所示。游泳动物营养等级的划分主要参照文献研究成果及 FISHBASE 资料。采用 2014—2017 年夏季调查所得营养级指数的平均值为区域评价标准（TL-ave），评价渔获物营养级的变化状况（ΔTL），并确定其评价等级如表 10-10 所示。

表 10-9　渔获物营养级指数（2014—2017 年）

评价单元	TL（2014 年）	TL（2015 年）	TL（2016 年）	TL（2017 年）
大连海域（渤海）	3.59	3.25	3.55	3.14
营口海域	3.35	3.15	3.19	3.01
盘锦海域	3.52	3.61	3.35	3.29
锦州海域	3.49	3.41	3.33	3.15
葫芦岛海域	3.12	3.56	3.11	3.05

表 10-10　渔获物营养级状况分级试评估结果

评价单元	TL（2017）	TL-ave	ΔTL/%	评估结果	赋值
大连海域（渤海）	3.46	−0.32	−9.34	显著下降	1
营口海域	3.23	−0.22	−6.81	显著下降	1
盘锦海域	3.49	−0.20	−5.82	显著下降	1
锦州海域	3.41	−0.26	−7.62	显著下降	1
葫芦岛海域	3.26	−0.21	−6.54	显著下降	1

根据各评价单元渔获物经济种类比例（ES）和营养级状况（TL）的平均值，计算游泳动物指数（$F1$）并评价等级（表 10-11）。盘锦海域和锦州海域基本稳定，大连渤海海域、营口海域和葫芦岛海域呈下降趋势。

表 10-11　游泳动物指数分级试评估结果

评价单元	ES	TL	F1	评估等级
大连海域（渤海）	1	1	1	下降
营口海域	1	1	1	下降
盘锦海域	3	1	2	基本稳定
锦州海域	3	1	2	基本稳定
葫芦岛海域	1	1	1	下降

2. 鱼卵仔稚鱼指数

根据辽宁省渤海区域邻近海域鱼卵仔稚鱼调查资料表征鱼卵密度情况，平均鱼卵密度（FE）数据如表 10-12 所示，并评估鱼卵密度的变化状况（ΔFE）和等级如表 10-13 所示。

表 10-12 鱼卵密度调查结果（2014—2017 年）　　单位：ind./100 m³

评价单元	FE（2014）	FE（2015）	FE（2016）	FE（2017）
大连海域（渤海）	14	524.6	74.5	88.33
营口海域	0	92.5	230	437.5
盘锦海域	0	273.75	105.08	302.75
锦州海域	24.16	27.26	47.5	31.25
葫芦岛海域	162.5	171.5	2.5	104.12

表 10-13 鱼卵密度变化状况分级评估结果

评价单元	FE（2017）	FE-ave	ΔFE/%	评估结果	赋值
大连海域（渤海）	88.33	204.37	-56.78	显著下降	1
营口海域	437.50	107.50	306.98	基本稳定	3
盘锦海域	302.75	126.28	139.75	基本稳定	3
锦州海域	31.25	32.97	-5.23	下降	2
葫芦岛海域	104.13	112.17	-7.17	下降	2

评价单元内仔稚鱼密度（FL）结果如表 10-14 所示。在此基础上，进一步评估仔稚鱼密度的变化状况（ΔFL），并确定其评价等级（表 10-15）。

表 10-14 仔稚鱼密度调查结果（2014—2017 年）　　单位：ind./100 m³

评价单元	FE（2014 年）	FE（2015 年）	FE（2016 年）	FE（2017 年）
大连海域（渤海）	9.00	265.00	19.30	16.44
营口海域	0.00	1 520.00	1 475.00	437.50
盘锦海域	98.42	815.42	179.17	350.76
锦州海域	5.00	6.25	1 900.00	31.25
葫芦岛海域	9.67	6.67	1 243.33	104.13

表 10-15 仔稚鱼密度变化状况分级试评估结果

评价单元	FE（2017）	FE-ave	ΔFE/%	评估结果	赋值
大连海域（渤海）	16.44	97.77	-83.182 748	显著下降	1
营口海域	437.50	998.33	-56.176 962	显著下降	1
盘锦海域	350.76	364.33	-3.725 003 3	下降	2
锦州海域	31.25	637.08	-95.094 833	显著下降	1
葫芦岛海域	104.13	419.89	-75.201 76	显著下降	1

根据各评价单元鱼卵密度（*FE*）和仔稚鱼密度（*FL*）的加权平均值，计算鱼卵仔稚鱼指数（*F*2）并评价其等级（表 10-16）。除盘锦海域下降外其他海域均显著下降。

表 10-16　鱼卵仔稚鱼指数分级试评估结果

评价单元	*FE*	*FL*	*F*2	评估等级
大连海域（渤海）	1	1	1	显著下降
营口海域	3	1	1.4	显著下降
盘锦海域	3	2	2.5	下降
锦州海域	2	1	1.5	显著下降
葫芦岛海域	2	1	1.5	显著下降

3. 辽宁省海域渔业资源综合评估

综合各评价单元游泳动物指数（*F*1）、鱼卵仔稚鱼指数（*F*2）的评价结果进行加权平均，得到海洋渔业资源承载能力综合等级（*F*）（表 10-17）。综合评估结果表明，大连渤海海域、营口海域和葫芦岛海域界超载，盘锦海域和锦州海域临界超载。

表 10-17　海洋渔业资源承载能力综合等级试评估结果

评价单元	*F*1	*F*2	*F*	评估结果	赋值
大连海域（渤海）	1	1	1.0	超载	1
营口海域	1	1.4	1.2	超载	1
盘锦海域	2	2.2	2.1	临界超载	2
锦州海域	2	1.2	1.5	临界超载	2
葫芦岛海域	1	1.2	1.1	超载	1

三、海洋生态环境承载力评价结果

（一）海洋环境承载力评价结果

采用 2017 年海洋环境监测数据[①]，评价渤海近岸海域春季、夏季、秋季的海水综合水质等级，并计算不同水质等级的海域面积和各类海洋功能区水质达标率（图 10-7），具体海水环境质量达标率见表 10-18。

---

① 数据来源于国家海洋环境监测中心数据库，为 2017 年中国海洋环境质量业务监测数据。

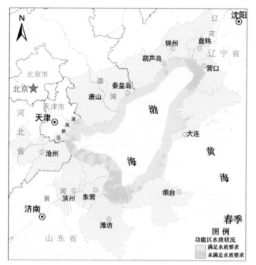
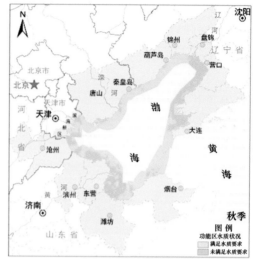

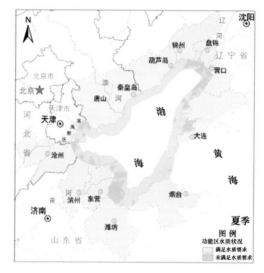

图 10-7　渤海近岸海域 2017 年海洋功能区水质达标状况示意图

表 10-18　渤海近岸各类海洋功能区水质达标率　　　　　　　单位:%

功能区类型	春季达标率	夏季达标率	秋季达标率
农渔业区	61.9	77.1	63.8
港口航运区	90.4	86.9	88.4
工业与城镇用海区	58.7	45.2	39.5
矿产与能源区	93.9	87.8	97.2
旅游休闲娱乐区	78.2	79.1	57.2
海洋保护区	58.9	52.9	25.5
特殊利用区	96.5	98.5	98.5
保留区	77.9	84.6	78.7
合计	69.3	74.0	61.3

在此基础上，评估渤海近岸海域各县级区的海洋环境承载状况，结果表明：2017 年，渤海近岸海域全年海洋环境可载、临界超载、超载的比例分别为 35%、2% 和 51%。其中，春季、夏季、秋季海洋环境为可载状态的比例分别为 35%、37% 和 28%，临界超载的比例分别为 12%、5% 和 9%，超载的比例分别为 42%、47% 和 51%，由此获得渤海近岸海域海洋环境承载状况的各季节及年度等级（表 10-19、表 10-20 和图 10-8）。

表 10-19　渤海近岸各评价单元海洋功能区水质达标率（2017 年）　　　　单位:%

省（市）	市	评价单元	春季	夏季	秋季	平均
辽宁省	大连市	3#	88.4	47.9	21.3	52.5
		2#	95.7	48.0	43.7	62.5
		5#	89.0	66.9	20.3	58.7
		1#	100.0	99.2	78.3	92.5
		4#	0.0	0.0	0.0	0.0
	营口市	8#	0.4	26.5	0.0	9.0
		7#	0.0	3.4	0.0	1.1
		6#	0.2	22.8	2.4	8.4
	盘锦市	9#	2.1	21.9	2.2	8.7
		10#	30.5	32.9	32.5	32.0
	锦州市	11#	89.5	60.4	98.4	82.8
	葫芦岛市	12#	100.0	95.7	97.0	97.6
		13#	100.0	100.0	99.5	99.8
		14#	86.4	100.0	90.8	92.4
		15#	100.0	100.0	92.3	97.4
河北省	秦皇岛市	16#	92.9	99.2	97.4	96.5
		17#	100.0	100.0	100.0	100.0
	唐山市	18#	100.0	95.2	81.5	92.2
		19#	100.0	100.0	90.1	96.7
		20#	100.0	100.0	83.8	94.6
		21#	100.0	81.9	95.8	92.6
		22#	93.1	15.0	60.3	56.1
	沧州市	23#	29.6	56.9	44.4	43.6
天津市	滨海新区	24#	72.5	57.3	51.9	60.6

续表

省（市）	市	评价单元	春季	夏季	秋季	平均
山东省	滨州市	25#	18.3	60.0	40.0	39.4
		26#	76.1	91.0	89.6	85.5
	东营市	27#	59.6	82.0	56.6	66.1
		28#	21.8	7.0	8.9	12.5
		29#	14.2	20.2	6.8	13.7
		30#	12.1	32.5	26.3	23.6
	烟台市	34#	39.1	95.2	77.5	70.6
		35#	80.3	98.8	100.0	93.0
		36#	98.1	100.0	82.7	93.6
		37#	100.0	97.5	92.0	96.5
		38#	95.6	98.5	98.8	97.6
	潍坊市	31#	0.0	0.0	0.0	0.0
		32#	1.3	5.3	9.4	5.3
		33#	15.7	78.0	35.4	43.0

表 10-20　渤海近岸 2017 海洋环境承载状况分级试评估结果

市	评价单元	春季	夏季	秋季	评估结果（E1）	赋值
大连市	1#	可载	可载	超载	可载	3
	2#	可载	超载	超载	超载	1
	3#	临界	超载	超载	超载	1
	4#	超载	超载	超载	超载	1
	5#	临界	超载	超载	超载	1
营口市	6#	超载	超载	超载	超载	1
	7#	超载	超载	超载	超载	1
	8#	超载	超载	超载	超载	1
盘锦市	9#	超载	超载	超载	超载	1
	10#	超载	超载	超载	超载	1
锦州市	11#	临界	超载	可载	临界	2
葫芦岛市	12#	可载	可载	可载	可载	3
	13#	可载	可载	可载	可载	3
	14#	临界	可载	可载	可载	3
	15#	可载	可载	可载	可载	3
秦皇岛市	16#	可载	可载	可载	可载	3
	17#	可载	可载	可载	可载	3

续表

市	评价单元	春季	夏季	秋季	评估结果（E1）	赋值
唐山市	18#	可载	可载	临界	可载	3
	19#	可载	可载	可载	可载	3
	20#	可载	可载	临界	可载	3
	21#	可载	临界	可载	可载	3
	22#	可载	超载	超载	超载	1
沧州市	23#	超载	超载	超载	超载	1
天津市	24#	超载	超载	超载	超载	1
滨州市	25#	超载	超载	超载	超载	1
	26#	超载	可载	临界	超载	1
东营市	27#	超载	临界	超载	超载	1
	28#	超载	超载	超载	超载	1
	29#	超载	超载	超载	超载	1
	30#	超载	超载	超载	超载	1
潍坊市	31#	超载	超载	超载	超载	1
	32#	超载	超载	超载	超载	1
	33#	超载	超载	超载	超载	1
烟台市	34#	超载	可载	超载	超载	1
	35#	临界	可载	可载	可载	3
	36#	可载	可载	临界	可载	3
	37#	可载	可载	可载	可载	3
	38#	可载	可载	可载	可载	3

（二）海洋生态承载力评价结果

1. 渤海辽宁省近岸海域生态承载状况

大连近岸海域生态承载状况总体为临界超载，其中大型底栖生物出现了明显变化，数量和生物量有明显下降，浮游植物和浮游动物出现波动。营口近岸海域生态承载状况总体为临界超载，其中浮游动物出现了相对明显的变化，浮游动物的生物量明显下降，浮游植物和浮游动物出现波动。盘锦近岸海域生态承载状况总体为临界超载，其中浮游植物状况基本稳定，浮游动物群落与多年平均值相比出现了波动。锦州近岸海域生态承载状况总体为生态超载，其中浮游植物状况基本稳定，浮游动物和大型底栖生物群落状况均较多年平均值出现了明显变化。葫芦岛近岸海域生态承载状况总体为临界超载，其中浮游植物和浮游动物群落状况基本稳定，大型底栖生物群落状况均较多年平均值出现了明显变化。渤海辽宁省近岸海域生态承载状况具体见表10-21。

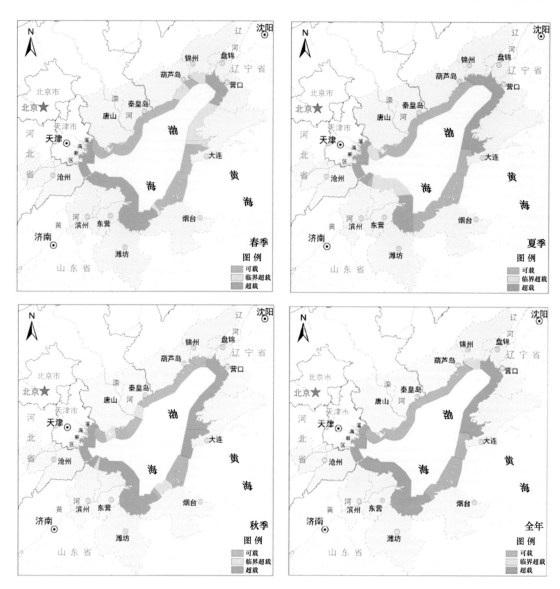

图 10-8　渤海近岸 2017 年海洋环境承载状况等级分布示意图

表 10-21　渤海辽宁省近岸海域生态承载状况

区域	评价类别	浮游植物		浮游动物		大型底栖生物	
		物种数	数量 /（个/m³）	数量 /（个/m³）	生物量 /（mg/m³）	数量 /（个/m²）	生物量 /（g/m²）
大连市	2017 年	55	$9.3×10^6$	50.7	315.6	100	7.3
	多年平均	44	$3.5×10^6$	324.3	377.0	400.4	46.4
	变化率/%	25	166	84	16	75	84
	平均变化率/%	95		50		79	
	承载状况	出现波动		出现波动		明显变化	
		临界超载					

续表

区域	评价类别	浮游植物		浮游动物		大型底栖生物	
		物种数	数量 /（个/m³）	数量 /（个/m³）	生物量 /（mg/m³）	数量 /（个/m²）	生物量 /（g/m²）
营口市	2017年	22	4.1×10⁷	551	77.1	87	3.3
	多年平均	30	1.5×10⁷	772.5	389.1	180.6	5.8
	变化率/%	27	173	29	80	52	43
	平均变化率/%	100		54		48	
	承载状况	出现波动		明显变化		出现波动	
		临界超载					
盘锦市	2017年	34	9.0×10⁴	86.3	17	2012—2017年均无底栖数据	
	多年平均	43	3.4×10⁵	438.2	15	87	27.3
	变化率/%	21	74	80	13	—	—
	平均变化率/%	47		46		—	
	承载状况	基本稳定		出现波动			
		临界超载					
锦州市	2017年	21	8.7×10⁶	263	346.7	35.7	12.1
	多年平均	31	5.9×10⁶	2815.7	486.8	21.4	7.4
	变化率/%	32	47	91	29		64
	平均变化率/%	40		60		65	
	承载状况	基本稳定		明显变化		明显变化	
		超载					
葫芦岛市	2017年	21	1.5×10⁷	74.6	211.2	86.7	2.7
	多年平均	31.7	2.2×10⁷	58.9	244.1	449.5	20.85
	变化率/%	34	32	27	13	80	87
	平均变化率/%	33		20		83	
	承载状况	基本稳定		基本稳定		明显变化	
		临界超载					

2. 津冀近岸海域生态承载状况

秦皇岛近岸海域生态承载状况总体为临界超载，其中浮游植物群落状况基本稳定，浮游动物群落状况均较多年平均值出现了明显变化，大型底栖生物群落状况较多年平均值出现了波动。唐山市近岸海域生态承载状况总体为临界超载，其中浮游植物和浮游动物的群落状况均较多年平均值出现了波动，大型底栖生物较多年平均值出现了明显变化。沧州市近岸海域生态承载状况总体为临界超载，其中浮游植物和浮游动物的群落状况基本稳定，大型底栖生物较多年平均值出现了明显变化。天津近岸海域生态承载状况总体为临界超载，其中浮游植物和大型底栖生物的群落状况较多年平均值出现了波动，浮游动物群落状况较多年平均值出现了明显变化。津冀近岸海域生态承载状况具体见表10-22。

表 10-22　津冀近岸海域生态承载状况

区域	评价类别	浮游植物		浮游动物		大型底栖生物	
		物种数	数量 /（个/m³）	数量 /（个/m³）	生物量 /（mg/m³）	数量 /（个/m²）	生物量 /（g/m²）
秦皇岛市	2017 年	58	2.2×10^{7}	203.7	563.9	48.5	8.7
	多年平均	51	3.0×10^{7}	268.9	113.8	84.7	7.0
	变化率/%	14	27	24	396	43	24
	平均变化率/%	21		210		34	
	承载状况	基本稳定		明显变化		出现波动	
		临界超载					
唐山市	2017 年	47	6.6×10^{7}	525.2	274.8	26.7	10.9
	多年平均	48	3.0×10^{7}	538.2	136.2	72.7	7.8
	变化率/%	2	120	2	102	63	40
	平均变化率/%	61		52		51	
	承载状况	出现波动		出现波动		明显变化	
		临界超载					
沧州市	2017 年	40	1.7×10^{7}	344.7	95.6	28	18.3
	多年平均	38	2.7×10^{7}	554.6	77.4	72.3	9.9
	变化率/%	5	37	38	24	61	85
	平均变化率/%	21		30		73	
	承载状况	基本稳定		基本稳定		明显变化	
		临界超载					
天津滨海新区	2017 年	28	2.6×10^{6}	37.2	26.1	110	38.8
	多年平均	47	3.6×10^{7}	151.2	79.4	324.2	50.1
	变化率/%	40.4	92.8	75.4	67.1	66.1	22.6
	平均变化率/%	66.6		71.3		44.3	
	承载状况	出现波动		明显变化		出现波动	
		临界超载					

3. 渤海山东省近岸海域生态承载状况

滨州近岸海域生态承载状况总体为临界超载，其中浮游植物基本稳定，大型底栖生物的群落状况较多年平均值出现了波动，浮游动物群落状况较多年平均值出现了明显变化。东营近岸海域生态承载状况总体为临界超载，其中浮游植物和大型底栖生物的群落状况与多年平均值相比均出现了波动，浮游动物群落状况与多年平均值相比出现明显变化。潍坊近岸海域生态承载状况总体为临界超载，其中浮游植物群落状况基本稳定，浮游动物群落状况与多年平均值相比出现波动，大型底栖生物的群落状况与多年平均值相比明显变化，群落数量和生物量均下降明显。烟台近岸海域生态承载状况总体为临界超载，其中浮游植物群落状况基本稳定，浮游动物群落状况与多年平均值相比出现波动，大型底栖生物的群落状况与多年平均值相比明显变化，群落数量和生物量均下降明显。渤海山东省近岸海域生态承载状况见表10-23。

表 10-23　渤海山东省近岸海域生态承载状况

区域	评价类别	浮游植物		浮游动物		大型底栖生物	
		物种数	数量/（个/m³）	数量/（个/m³）	生物量/（mg/m³）	数量/（个/m²）	生物量/（g/m²）
滨州市	2017 年	30	9.8×10^5	156.8	96	176.4	7.6
	多年平均	34	6.5×10^6	2664.3	334.2	205.8	15.1
	变化率/%	12	85	94	71	14	50
	平均变化率/%	48		83		32	
	承载状况	基本稳定		明显变化		出现波动	
		临界超载					
东营市	2017 年	56	3.2×10^6	97.5	62.3	276.5	25.7
	多年平均	66	4.0×10^7	196.0	138.9	157.0	20.9
	变化率/%	15	92	50	55	76	23
	平均变化率/%	54		53		50	
	承载状况	出现波动		出现波动		出现波动	
		临界超载					
潍坊市	2017 年	46	7.2×10^6	269.7	114.5	405.5	13.5
	多年平均	52.2	1.5×10^7	340.5	196.4	947.3	46.6
	变化率/%	12	52	21	42	57	71
	平均变化率/%	32		31		64	
	承载状况	基本稳定		出现波动		明显变化	
		临界超载					
烟台市	2017 年	66	6.5×10^6	185.3	43.5	837.8	84.2
	多年平均	60	7.4×10^6	324.3	142.8	455.2	43.4
	变化率/%	10.0	12.2	42.9	69.5	84.1	94.0
	平均变化率/%	11%		56%		89%	
	承载状况	基本稳定		出现波动		明显变化	
		临界超载					

四、海岛资源环境承载能力评价结果

海岛资源环境承载力监测预警试点区评价范围为河北省、天津市全部海岛和辽宁省、山东省部分海岛，共计 380 个无居民海岛，以河北省、天津市、辽宁省、山东省沿海县级行政区划分基本评价单元，共划分为 21 个评价单元。

（一）无居民海岛开发强度

基于无居民海岛四项基本要素监视监测数据，获取各评价单元无居民海岛的岸线总长度和人工岸线长度，进一步评估各县级评价单元内无居民海岛人工岸线比例（I_{11}）。同时根据海岛开发利用面积占岛陆总面积的比例大小确定开发用岛规模指数（I_{12}）。根据"短板效应"原则，以无居民海岛人工岸线比例（I_{11}）和开发用岛规模指数（I_{12}）中的较差等级，作为无居民海岛开发强度（I_1）的综合评估等级（图 10-9）。

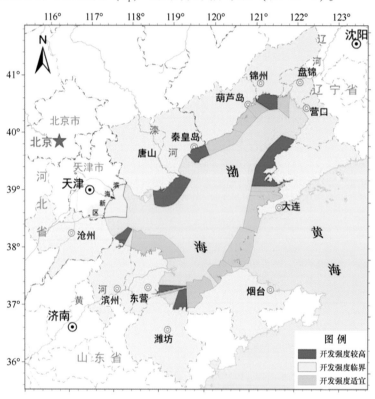

图 10-9　无居民海岛开发强度分级评估结果

（二）无居民海岛生态状况

基于遥感影像解译和全国无居民海岛四项基本要素监视监测数据，分别计算各评价单元无居民海岛在基准年和评价年的植被覆盖率，比较植被覆盖率（I_2）的变化情况，评估无居民海岛生态状况等级（图 10-10）。

第三节　专项评价结果

环渤海海洋资源环境承载能力专项评价主要针对该区域的重点开发用海区和重要海洋生态功能区进行重点区域专题评价。

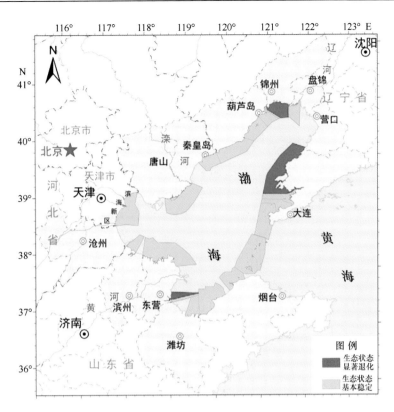

图 10-10　无居民海岛生态状况分级评估结果

一、重点开发用海区

依据环渤海近岸海域开发利用主要方式和空间分布特点，采用围填海造地闲置率评价重点开发用海区开发承载力状况。选择辽宁省长兴岛临近海域、辽宁省辽滨经济开发区、锦州港及邻近海域、河北省曹妃甸区域、河北省黄骅港及邻近海域、天津滨海新区、山东省潍坊港及邻近海域、山东省龙口湾海域作为重点开发用海区进行专题监测评价。

2002—2017 年，长兴岛邻近海域新增填海造地 5 241.41 hm²，其中开发利用 3 130.75 hm²、闲置 2 110.66 hm²。根据重点开发建设用海区专项评价方法可知，长兴岛邻近海域围填海区域闲置率为 0.40，属于Ⅱ级。2002—2017 年，盘锦港新增填海造地 11 323.03 hm²，其中开发利用 7 759.99 hm²、闲置 3 563.04 hm²。根据重点开发建设用海区专项评价方法可知，盘锦港围填海区域闲置率为 0.31，属于Ⅱ级。2002—2017 年，锦州港及临近海域新增填海造地 6 861.74 hm²，其中开发利用 5 466.93 hm²、闲置 1 394.81 hm²。根据重点开发建设用海区专项评价方法可知，锦州港及临近海域围填海区域闲置率为 0.20，属于Ⅰ级。

2002—2017 年，曹妃甸海域新增填海造地 21 155.05 hm²，其中开发利用 16 326.34 hm²、闲置 4 828.71 hm²。根据重点开发建设用海区专项评价方法可知，曹妃甸海域围填海区域闲置率为 0.23，属于Ⅰ级。2002—2017 年，天津港海域新增填海造地 28 014.94 hm²，其中开发利用14 435.03 hm²、闲置 13 579.91 hm²。根据重点开发建设用海区专项评价方法，曹妃甸海域围填海区域闲置率为 0.48，属于Ⅱ级。2002—2017 年，黄骅港及邻近海域新增填海造地 5 847.33 hm²，其中开发利用 2 026.47 hm²、闲置 3 820.86 hm²。根据重点开发建设用海区专项评价方法可知，黄骅港及邻近海域围填海区域闲置率为 0.65，属于Ⅲ级。

2002—2017 年，潍坊港及邻近海域新增填海造地 3 862.51 hm²，其中开发利用 805.29 hm²、闲置 3 057.22 hm²。根据重点开发建设用海区专项评价方法可知，潍坊港及邻近海域围填海区域闲置率为 0.79，属于Ⅲ级。2002—2017 年，龙口湾海域新增填海造地 1 492.24 hm²，其中开发利用 408.62 hm²、闲置 1 083.63 hm²。根据重点开发建设用海区专项评价方法可知，龙口湾海域围填海区域闲置率为 0.73，属于Ⅲ级。

重点开发用海区评价结果如表 10-24 所示，辽宁省长兴岛临近海域重点开发用海区围填海造地闲置率中等，辽宁省辽滨经济开发区重点开发用海区围填海造地闲置率中等，辽宁省锦州港及邻近海域重点开发用海区围填海造地闲置率较高，河北省曹妃甸重点开发用海区较高，河北省黄骅港重点开发用海区围填海造地闲置率较低，天津市天津滨海新区重点开发用海区围填海造地闲置率中等，山东省潍坊港重点开发用海区围填海造地闲置率较大，山东省龙口湾工业与城镇建设重点开发用海区围填海造地闲置率较大。

表 10-24　重点开发用海区评价结果

省/市	重点开发用海区	围填海造地区域闲置率等级
辽宁省	长兴岛临近海域重点开发用海区	Ⅱ
辽宁省	辽滨经济开发区重点开发用海区	Ⅱ
辽宁省	锦州港及邻近海域重点开发用海区	Ⅲ
河北省	曹妃甸重点开发用海区	Ⅲ
河北省	黄骅港重点开发用海区	Ⅰ
天津市	天津滨海新区重点开发用海区	Ⅱ
山东省	潍坊港重点开发用海区	Ⅲ
山东省	龙口湾重点开发用海区	Ⅲ

二、重要海洋生态功能区

根据海洋主体功能区规划中的禁止开发区和限制开发区分布情况，以及潮间带滩涂及植被分布情况，选择环渤海国家级海洋自然保护区、海洋特别保护区、重要河口滨海湿地开展重要海洋生态功能区专项评价。

（一）重要海洋生态保护对象

渤海范围内由海洋主管部门监督管理的国家级海洋保护区（包括海洋自然保护区和海

洋特别保护区）有 24 个，其中辽宁省 7 个、河北省 2 个、天津市 2 个、山东省 13 个。2017 年对环渤海 21 处国家级海洋保护区开展监测，结果显示，渤海国家级海洋保护区海水环境质量总体状况与 2016 年持平，沉积物质量总体状况良好。渤海国家级海洋自然保护区 3 处，贝壳堤、海岸沙丘等保护对象状况基本稳定（表 10-25）。

表 10-25　环渤海国家级海洋自然和特别保护区保护对象状况

省市	保护区名称	保护区类型	保护对象状态
大连市	大连仙浴湾国家级海洋公园	特别	—
营口市	辽宁团山国家级海洋公园	特别	基本稳定
盘锦市	辽河口红海滩国家级海洋公园	特别	—
锦州市	辽宁大凌河口国家级海洋公园	特别	—
	锦州大笔架山国家级海洋特别保护区	特别	—
葫芦岛市	觉华岛国家级海洋公园	特别	基本稳定
	辽宁绥中碣石国家级海洋公园	特别	—
秦皇岛市	北戴河国家级海洋公园	特别	—
	昌黎黄金海岸国家级自然保护区	自然	退化
天津市	天津大神堂牡蛎礁国家级海洋特别保护区	特别	—
	天津古海岸与湿地国家级自然保护区	自然	基本稳定
滨州市	滨州贝壳堤岛与湿地国家级自然保护区	自然	基本稳定
东营市	东营利津底栖鱼类生态国家级海洋特别保护区	特别	基本稳定
	东营河口浅海贝类生态国家级海洋特别保护区	特别	基本稳定
	东营黄河口生态国家级海洋特别保护区	特别	基本稳定
	东营莱州湾蛏类生态国家级海洋特别保护区	特别	基本稳定
	东营广饶沙蚕类生态国家级海洋特别保护区	特别	基本稳定
潍坊市	山东昌邑海洋生态特别保护区	特别	基本稳定
烟台市	莱州浅滩海洋生态国家级特别保护区	特别	基本稳定
	招远砂质黄金海岸国家级海洋公园	特别	基本稳定
	龙口黄水河口海洋生态国家级海洋特别保护区	特别	基本稳定
	蓬莱登州浅滩国家级海洋生态特别保护区	特别	基本稳定
	蓬莱国家级海洋公园	特别	基本稳定
	长岛国家级海洋公园	特别	基本稳定

注：—表示暂无监测数据

（二）重要滩涂湿地面积变化情况

统计 1990 年和 2017 年各重要海洋生态功能区内潮间带滩涂面积，计算各单元的 2017 年的滩涂面积保有率，并对其分布情况进行动态分析评价。结果表明，环渤海海域滩涂面积保有率基本稳定、有所萎缩、显著萎缩的比例为68%、11%和21%（图10-11）。

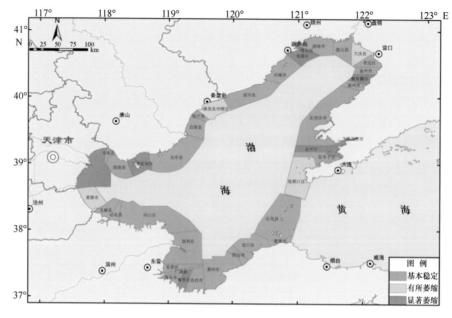

图10-11　环渤海邻近海域滩涂面积保有程度

（三）典型生境植被覆盖变化率

选取环渤海生态红线内的重要滨海湿地和重要河口生态系统为本次环渤海海洋资源环境承载能力——典型生境植被覆盖变化率指标的专项评价单元。利用生境植被分布区域的矢量数据生成ROI，采用ENVI软件进行计算，得到2008年和2017年植被覆盖度。并进一步计算植被覆盖度图像像素的平均值，获取这两个年份典型生境植被的年均植被覆盖度，并计算近10年的植被覆盖度变化率。2008—2017年，环渤海各重要海洋生态功能区中显著退化、退化以及基本稳定的比例为43.8%、31.2%和25%。其中沧州歧口浅海湿地未监测到植被信息，六股河口、石河河口生态系统和大清河河口生态系统的两年植被覆盖度均低于0.25，均为植被低覆盖区域。环渤海地区典型生境植被覆盖变化率评价结果见表10-26。

表10-26　环渤海地区典型生境植被覆盖度及变化率统计

评价单元名称	植被覆盖度（FC）		植被覆盖度变化率（E_V）/%	生境质量状况
	2008年	2017年		
大辽河口	0.28	0.2	28.57	显著退化
双台子河口区	0.49	0.37	24.49	显著退化
大凌河口	0.40	0.32	20.00	显著退化
六股河口	0.25	0.22	12.00	退化

评价单元名称	植被覆盖度（FC）		植被覆盖度变化率（E_V）/%	生境质量状况
	2008 年	2017 年		
石河河口生态系统	0.25	0.23	8.00	基本稳定
滦河河口生态系统	0.30	0.26	13.33	退化
滦河河口生态系统	0.58	0.48	17.24	退化
滦河河口沼泽湿地	0.50	0.31	38.00	显著退化
大清河河口生态系统	0.25	0.23	8.00	基本稳定
天津大港滨海湿地	0.40	0.21	47.50	显著退化
沧州歧口浅海湿地	0.00	0.00	0.00	基本稳定
小清河滨海湿地限制区	0.55	0.28	49.09	显著退化
白浪河口生态限制区	0.31	0.26	16.13	退化
虞河河口生态限制区	0.45	0.34	24.44	显著退化
潍河河口生态限制区	0.41	0.35	14.63	退化
胶莱河口生态限制区	0.31	0.31	0.00	基本稳定

第四节　过程评价结果

一、海域/海岛开发效率变化

（一）海域开发效率变化

根据海域使用权属数据和各地区 GDP 数据，结合海域开发效率变化指数的计算方法分别得到海域开发效率变化趋势（L），结果如表 10-27 所示。普兰店区、瓦房店市、盖州市、鲅鱼圈区、大洼县、凌海市、连山区、龙港区、兴城市、绥中县、秦皇岛市辖区、抚宁区、昌黎县、乐亭县、曹妃甸区、黄骅市、无棣县、河口区、东营区、广饶县、寿光市、昌邑市、莱州市、龙口市、蓬莱市和长岛县的 L 值均大于 1，海域开发效率趋差。

表 10-27　海域开发效率变化评价结果

评价单元	2007 年		2016 年		L	变化趋势
	PE	GDP/亿元	PE	GDP/亿元		
1#	1.589 8	92.5	0.303 1	244.8	0.07	趋好
2#	0.098 5	281.09	0.044 9	890.06	0.14	趋好
3#	0.981 9	348	1.819 9	1 611.34	0.40	趋好
4#	0.001 1	256	0.018 1	452.33	9.60	趋差

续表

评价单元	2007 年		2016 年		L	变化趋势
	PE	GDP/亿元	PE	GDP/亿元		
5#	2.266 2	342.34	8.311 0	901.97	1.39	趋差
6#	1.184 3	80.06	6.870 3	162.7	2.85	趋差
7#	2.966 7	200	16.868 8	353	3.22	趋差
8#	4.454 2	98	0.201 6	16.8	0.26	趋好
9#	0.861 1	91.48	7.346 5	251	3.11	趋差
10#	5.519 5	59.33	5.629 5	148	0.41	趋好
11#	4.957 9	95.56	14.884 1	152.4	1.88	趋差
12#	3.110 1	92.76	4.230 4	181.1	0.70	趋好
13#	3.981 2	98.78	5.313 2	126.5	1.04	趋差
14#	0.666	33.33	5.565 0	104.38	2.67	趋差
15#	0.439 3	74.37	1.194 2	147.8	1.37	趋差
16#	0.992 5	397.43	1.842 0	823.39	0.90	趋好
17#	5.060 3	97.72	3.485 3	110.52	0.61	趋好
18#	0.039 2	91.84	4.523 1	212.55	49.83	趋差
19#	0.672 9	166.37	1.948 0	343.34	1.40	趋差
20#	9.892 4	44.02	65.966 6	364.6	0.81	趋好
21#	0.976 2	191.38	0.202 9	333.2	0.12	趋好
22#	6.338 6	284	1.060 2	658.8	0.07	趋好
23#	4.375 1	110.78	6.947 5	259.58	0.68	趋好
24#	3.758 6	2364.08	8.424 5	10 002.31	0.53	趋好
25#	1.103	121.77	1.996 2	269	0.82	趋差
26#	3.690 1	80.48	5.638 2	184.4	0.67	趋好
27#	0.882 4	144.93	2.874 6	525.07	0.90	趋好
28#	6.996 9	129.75	1.695 7	410.92	0.08	趋好
29#	0.719 9	140.92	5.396 2	457.09	2.31	趋差
30#	1.890 2	260.45	5.027 7	790.96	0.88	趋好
31#	15.795 9	332.88	24.304 2	856.8	0.60	趋好
32#	15.827	76.66	11.965 6	214.9	0.27	趋好
33#	0.568 9	158.63	5.719 7	399.5	3.99	趋差
34#	0.197	340.16	3.369 9	766.77	7.59	趋差
35#	—	301.95	1.628 2	687.26		—
36#	0.130 5	480.03	1.830 3	1 110.99	6.06	趋差
37#	0.204 2	242.94	0.633 1	502.01	1.50	趋差
38#	0.212 7	29.04	0.570 8	67.17	1.16	趋差

二、海域水环境污染变化趋势

渤海近岸海域优良水质和水环境变化趋势如图 10-12 和表 10-28 所示。自 2006 年以来渤海近岸海域海水优良水质整体呈波动趋势，其中 2012 年较低，2012 年以来有显著的趋良。除旅顺和盖州环境污染程度趋差外，其他评价单元均无明显变化趋势。

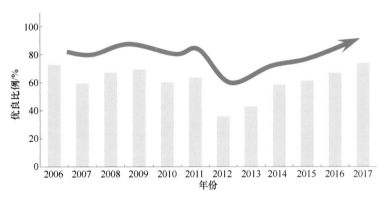

图 10-12　渤海近岸海域优良水质变化趋势

表 10-28　渤海近岸海域水环境变化趋势（2006—2017 年）

市	评价单元	S	Z	变化趋势
大连市	3#	−6	−0.34	变化不大
	2#	−11	−0.69	变化不大
	5#	4	0.21	变化不大
	1#	−30	−1.99	趋差
	4#	−7	−0.41	变化不大
营口市	8#	−9	−0.55	变化不大
	7#	−28	−1.85	变化不大
	6#	−30	−1.99	趋差
盘锦市	9#	−9	−0.55	变化不大
	10#	2	0.07	变化不大
锦州市	11#	−8	−0.48	变化不大
葫芦岛市	12#	−3	−0.14	变化不大
	13#	−14	−0.89	变化不大
	14#	−3	−0.14	变化不大
	15#	−11	−0.69	变化不大
秦皇岛市	16#	4	0.21	变化不大
	17#	−4	−0.21	变化不大
	18#	−15	−0.96	变化不大

续表

市	评价单元	S	Z	变化趋势
唐山市	19#	−6	−0.34	变化不大
	20#	5	0.27	变化不大
	21#	2	0.07	变化不大
	22#	14	0.89	变化不大
沧州市	23#	2	0.07	变化不大
天津市	24#	24	1.58	变化不大
滨州市	25#	−11	−0.69	变化不大
	26#	13	0.82	变化不大
东营市	27#	22	1.44	变化不大
	28#	3	0.14	变化不大
	29#	3	0.14	变化不大
	30#	−8	−0.48	变化不大
烟台市	34#	6	0.34	变化不大
	35#	17	1.10	变化不大
	36#	−4	−0.21	变化不大
	37#	−9	−0.55	变化不大
	38#	−18	−1.17	变化不大
潍坊市	31#	−13	−0.82	变化不大
	32#	10	0.62	变化不大
	33#	17	1.10	变化不大

三、渤海资源环境变化趋势综合分析

根据海域资源环境损耗的过程评价，对承载类型进行预警等级划分。其中有一项变差的区域，为海洋资源环境耗损加剧型，两项变化不大或趋良的区域，为海洋资源环境耗损趋缓型。渤海资源环境综合变化趋势分析结果见表10-29。

表10-29　渤海资源环境综合变化趋势分析

市	评价单元	开发效率	水质变化	总体趋势
大连市	3#	趋好	变化不大	趋缓
	2#	趋好	变化不大	趋缓
	5#	趋差	变化不大	加剧
	1#	趋好	趋差	加剧
	4#	趋差	变化不大	加剧

续表

市	评价单元	开发效率	水质变化	总体趋势
营口市	8#	趋好	变化不大	趋缓
	7#	趋差	变化不大	加剧
	6#	趋差	趋差	加剧
盘锦市	9#	趋差	变化不大	加剧
	10#	趋好	变化不大	趋缓
锦州市	11#	趋差	变化不大	加剧
葫芦岛市	12#	趋好	变化不大	趋缓
	13#	趋差	变化不大	加剧
	14#	趋差	变化不大	加剧
	15#	趋差	变化不大	加剧
秦皇岛市	16#	趋好	变化不大	趋缓
	17#	趋好	变化不大	趋缓
	18#	趋差	变化不大	加剧
唐山市	19#	趋差	变化不大	加剧
	20#	趋好	变化不大	趋缓
	21#	趋好	变化不大	趋缓
	22#	趋好	变化不大	趋缓
沧州市	23#	趋好	变化不大	趋缓
天津市	24#	趋好	变化不大	趋缓
滨州市	25#	趋差	变化不大	加剧
	26#	趋好	变化不大	趋缓
东营市	27#	趋好	变化不大	趋缓
	28#	趋差	变化不大	加剧
	29#	趋好	变化不大	趋缓
	30#	趋好	变化不大	趋缓
烟台市	34#	趋差	变化不大	加剧
	35#	—	变化不大	趋缓
	36#	趋差	变化不大	加剧
	37#	趋差	变化不大	加剧
	38#	趋差	变化不大	加剧
潍坊市	31#	趋好	变化不大	趋缓
	32#	趋好	变化不大	趋缓
	33#	趋差	变化不大	加剧

第五节　集成预警结果

环渤海地区资源环境承载力评价结果集成预警包括资源环境承载力评价结果集成分析、资源环境承载力预警分析。

一、环渤海地区资源环境承载力集成分析

根据"短板效应"集成。指标中任意 1 个超载，确定为承载类型；任意 1 个临界超载，确定为临界超载；其余为不承载类型。渤海资源环境承载能力综合集成评估结果见图10-14，具体超载类型和超载区域见表10-30。除大连旅顺口区、秦皇岛抚宁县、唐山滦南县、烟台招远市、蓬莱市、长岛县为"临界超载"以外，其他各评价单元综合承载类型均为"超载"，主要超载因子为海水环境和岸线。

表10-30　渤海海洋资源环境承载能力综合承载类型基础评价

市	评价单元	基础评价							专项评价			综合评价
		海域空间	海域岸线	海水环境	海洋生态	渔业资源	海岛开发强度	海岛生态状况	开发用海区	生态功能区	滩涂保有率	
大连	1#	适宜	适宜	可载	临界	超载	适宜	基本稳定			有所萎缩	临界
	2#	适宜	适宜	超载	临界	超载	适宜	基本稳定			基本稳定	超载
	3#	较高	较高	超载	临界	超载	适宜	基本稳定			显著萎缩	超载
	4#	较高	—	超载	临界	超载		—			显著萎缩	超载
	5#	较高	临界	超载	临界	超载	较高	显著退化	中	基本稳定	基本稳定	超载
	6#	适宜	较高	超载	临界	超载				基本稳定	基本稳定	超载
营口	7#	临界	较高	超载	临界	超载					显著萎缩	超载
	8#	临界	临界	超载	临界	超载					基本稳定	超载
盘锦	9#	适宜	较高	超载	临界	临界	适宜	基本稳定			基本稳定	超载
	10#	较高	较高	超载	临界	临界					有所萎缩	超载
锦州	11#	较高	较高	临界	超载	临界	较高	显著退化	低		基本稳定	超载
葫芦岛	12#	适宜	较高	可载	临界	超载	适宜	基本稳定			显著萎缩	超载
	13#	适宜	较高	可载	临界	超载	适宜	基本稳定		基本稳定	显著萎缩	超载
	14#	适宜	较高	可载	临界	超载	适宜	基本稳定		基本稳定	基本稳定	超载
	15#	适宜	较高	可载	临界	超载	适宜	基本稳定			基本稳定	超载
秦皇岛	16#	适宜	临界	可载	临界	临界	较高	基本稳定			有所萎缩	超载
	17#	适宜	适宜	可载	临界	临界	—				基本稳定	临界
唐山	18#	适宜	较高	可载	临界	临界	—	—		退化	基本稳定	超载
	19#	适宜	较高	可载	临界	临界	较高	基本稳定			基本稳定	超载
	20#	较高	较高	可载	临界	临界	—	—	低		显著萎缩	超载
	21#	适宜	临界	可载	临界	临界					基本稳定	临界
沧州	22#	适宜	临界	超载	临界	临界	—	—			基本稳定	超载

续表

市	评价单元	基础评价							专项评价			综合评价
		海域空间	海域岸线	海水环境	海洋生态	渔业资源	海岛开发强度	海岛生态状况	开发用海区	生态功能区	滩涂保有率	
黄骅	23#	临界	较高	超载	临界	临界	—	—	高		有所萎缩	超载
天津	24#	临界	较高	超载	临界	临界	临界	基本稳定	中	基本稳定	显著萎缩	超载
滨州	25#	适宜	较高	超载	临界	临界	较高	基本稳定		基本稳定	基本稳定	超载
	26#	临界	适宜	超载	临界	临界	—	—			基本稳定	超载
东营	27#	适宜	较高	超载	临界	临界	适宜	基本稳定		基本稳定	基本稳定	超载
	28#	适宜	适宜	超载	临界	临界	较高	基本稳定			基本稳定	超载
	29#	适宜	适宜	超载	临界	临界	适宜	基本稳定			基本稳定	超载
	30#	适宜	较高	超载	临界	临界	—	—			基本稳定	超载
潍坊	31#	较高	较高	超载	临界	临界	—	—			基本稳定	超载
	32#	临界	较高	超载	临界	临界	—	—	高		显著萎缩	超载
	33#	适宜	较高	超载	临界	临界	较高	基本稳定		基本稳定	基本稳定	超载
烟台	34#	适宜	较高	超载	临界	临界	适宜	基本稳定		基本稳定	基本稳定	超载
	33#	适宜	适宜	可载	临界	临界	—	—		基本稳定	基本稳定	临界
	36#	适宜	临界	可载	临界	临界	适宜	基本稳定	高	基本稳定	基本稳定	超载
	37#	适宜	适宜	可载	临界	临界	—	—		基本稳定	基本稳定	临界
	38#	适宜	—	可载	临界	临界	适宜	基本稳定		基本稳定	基本稳定	临界

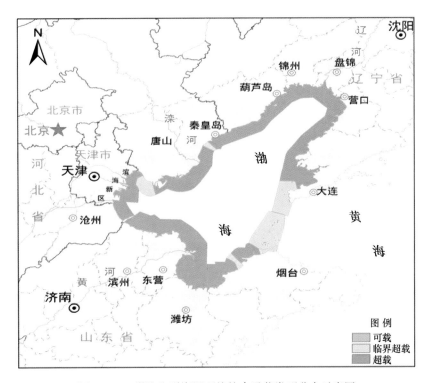

图 10-14　渤海海洋资源环境综合承载类型分布示意图

二、环渤海地区资源环境承载力预警分析

根据海洋资源环境承载能力预警技术方法，环渤海地区近岸海域资源环境承载能力预警结果中，极重警区域为 15 个，包括辽东湾东岸普兰店市和瓦房店市、盖州市、鲅鱼圈区，辽东湾顶部的大洼县和凌海市，辽东湾西岸的兴城市、绥中县、龙港区、昌黎县和乐亭县，渤海湾的无棣县，黄河三角洲的东营区，以及莱州湾的昌邑市和莱州市；重警区域为 17 个，包括大连市辖的甘井子区和金州区，营口市老边区和盘锦市盘山县，葫芦岛市连山区，秦皇岛市辖区，唐山市曹妃店区域，沧州市和天津滨海新区，烟台龙口市以及滨州市、东营市、潍坊市极重警区以外的区域；中警区域为 3 个，分别为大连市旅顺口区、烟台市长岛县和蓬莱市；轻警区域为 3 个，分别为秦皇岛市抚宁县、唐山市滦南县和烟台招远市；没有无警区域（表 10-31）。

表 10-31　海洋资源环境承载能力预警等级

市	评价单元	承载类型	变化趋势	预警等级
大连市	1#	临界	加剧	中警
	2#	超载	趋缓	重警
	3#	超载	趋缓	重警
	4#	超载	加剧	极重警
	5#	超载	加剧	极重警
营口市	6#	超载	加剧	极重警
	7#	超载	加剧	极重警
	8#	超载	趋缓	重警
盘锦市	9#	超载	趋缓	重警
	10#	超载	加剧	极重警
锦州市	11#	超载	加剧	极重警
葫芦岛市	12#	超载	趋缓	重警
	13#	超载	加剧	极重警
	14#	超载	加剧	极重警
	15#	超载	加剧	极重警
秦皇岛市	16#	超载	趋缓	重警
	17#	临界	趋缓	轻警
唐山市	18#	超载	加剧	极重警
	19#	超载	加剧	极重警
	20#	超载	趋缓	重警
	21#	临界	趋缓	轻警
	22#	超载	趋缓	重警
沧州市	23#	超载	趋缓	重警
天津市	24#	超载	趋缓	重警

续表

市	评价单元	承载类型	变化趋势	预警等级
滨州市	25#	超载	加剧	极重警
	26#	超载	趋缓	重警
东营市	27#	超载	趋缓	重警
	28#	超载	加剧	极重警
	29#	超载	趋缓	重警
	30#	超载	趋缓	重警
潍坊市	31#	超载	趋缓	重警
	32#	超载	趋缓	重警
	33#	超载	加剧	极重警
烟台市	34#	超载	加剧	极重警
	33#	临界	趋缓	轻警
	36#	超载	趋缓	重警
	37#	临界	加剧	中警
	38#	临界	加剧	中警

第六节　超载区域管控对策预研

环渤海地区是我国快速发展的重要经济集聚区和基础产业分布区之一。天津滨海新区、辽宁沿海经济带、河北曹妃甸地区、山东黄河三角洲等地区正在快速发展，以京津冀、辽中南、山东半岛三大城市群为核心的我国重要的人口集聚区已经形成。环渤海地区2000年以后新建的产业集聚区中有90%分布在海岸带地区，流域和海岸带开发活动带来的污染物排海、自然生境破坏等对渤海海洋生态环境造成的压力也在逐步加重，渤海海洋资源的过度开发利用问题日益凸显。

一、宏观政策建议

（一）转变发展理念，明确海洋发展定位

（1）贯彻生态优先理念，把渤海作为一个完整的复合生态系统，做好生态、生活、生产空间布局，实施基于海洋生态系统的综合管理。遵循渤海水体交换、物质流动、生物迁徙、食物链循环等的客观规律，把人为活动作为海洋生态系统的重要一环考虑进去，做好渤海及京津冀海域生态区划，细化落实海洋主体功能区规划，留足维持渤海湾生态系统结构稳定和服务功能可持续供给的生态空间，保障京津冀社会公众亲海空间的数量和质量，促进海洋资源从生产要素向消费要素的转变，划定海岸带围填海禁止区、限制区和控制区，研究选划海岸建筑退缩线，避免不当人为活动给海洋生态系统造成不可恢复的

影响[125,139]。

（2）深化陆海统筹理念，在环渤海协同发展框架下，推动滨海地区产业及海洋产业的升级和结构优化，完善并统一海洋和陆域资源价格形成机制和生态产品市场化机制等。抓住内陆腹地产业向滨海地区转移发展的契机，以承接转移工业带动产业结构升级为目标，转变发展方式，在滨海地区大力发展低碳、绿色、循环经济，坚决杜绝高能耗、高污染企业未经节能减排改造直接向滨海地区转移；实施陆域—海域污染联防联控，以近岸海域水质目标考核倒逼流域污染治理，将总氮、总磷等纳入区域主要污染物总量减排目标，推动循环农业发展，减轻陆域面源污染贡献；构建陆海一体化的生态保护与建设格局，统筹划定海洋和陆域生态保护红线，提高区域生态承载力和人口容量。

（3）摒弃"海洋公地"不当认知，推进海洋资源环境承载能力有限、海洋资源环境有偿使用的科学认知和制度保障。尽快完成渤海海洋资源的价值化工作，构建反映市场供求关系、稀缺程度的海域资源有偿使用制度，细化和提高围填海海域使用金征收类型、方式和标准，实现海域使用金的动态调整；建立健全陆源向海排污收费制度和海上排污费征收制度，实现海域纳污能力的资源化转化，落实企业污染减排的主体责任，充分发挥市场化配置对海洋污染防治的重要作用。

（二）发展蓝色经济，促进协调开放发展

海洋的水体流动性和区域联通性，决定了海洋资源环境承载能力具有系统性、开放性、动态性和综合性等特点，海洋资源环境承载能力的大小，不仅受到所在海域物质基础、资源环境条件制约以外，还必须考虑与相邻区域资源环境条件的关系，甚至可以通过引进国内外其他地区的资源条件来弥补区域内海洋资源环境承载能力的不足[67,99,163]。发展蓝色经济，既有向远海发展之意，更有产业深刻融合的内涵。

由于多年来承载着区域社会经济发展的巨大资源环境压力，渤海资源环境承载能力均已接近"天花板"，要在深入调研环渤海各个区域产业发展现状的基础上，制定渤海区域产业发展规划，确定海洋产业的重点发展方向，避免海洋产业和滨海地区产业的同质化竞争、低质化扩张、破碎化发展，拉长产业链条，弥补缺失环节，合理部署区域分工合作，集群集约发展来促进产业转型升级。

另一方面要积极实施"走出去"战略，将海洋产业链延伸至内陆腹地，以海陆空间相互联系谋求海洋活动的资源生态价值、科技经济价值与区位空间价值的集成，综合集成价值最大化；同时依托海洋沟通国外资源的优势带动更大范围内的区域发展，在更高层次上参与全球价值链创造，提高海洋经济与整个经济的开放水平。

同时，海洋资源环境承载能力还受到科技水平、人口数量与素质等多种因素的影响，为此，要通过发展蓝色经济，科学把握由传统海洋产业向高端产业发展的新趋势，更加注重发挥科技、教育、人才的支撑引领作用，强调海洋科技自主创新，提升海洋产业发展核心竞争力，积极培育海洋战略性新兴产业，大力发展海洋高端服务业和生产性服务业，改

造提升海洋盐业、海洋造船业、海洋交通运输业等传统海洋产业，淘汰落后产能。

（三）健全制度体系，保障可持续发展

在环渤海地区率先推进以生态系统为基础的海洋综合管理和统筹协调机制，初步建成符合生态文明要求的海洋资源管理与生态环境保护制度体系，实现沿海生产、生态、生活空间布局更加合理，海洋资源集约节约开发利用格局基本形成，海洋生态环境品质不断提升，海洋公共服务供给能力及均等化水平明显改善，保障环渤海区域经济社会和海洋经济健康持续发展。

要在全国海洋资源环境管理制度体系建设的基础上，结合环渤海地区海洋开发实际，深化海域空间用途管制和生态红线制度，严格区域海洋资源环境总量管理和节约制度，健全海域资源产权登记和有偿使用制度；完善海洋捕捞业准入制度，严格执行休渔禁渔制度，加快近海捕捞限额试点；依法落实污染物排海总量控制制度，探索建立实施海洋生态补偿制度，以及陆海统筹的海洋生态保护修复机制等；落实海洋资源环境责任追究制度，强化公众参与和社会监督。

二、具体资源环境管控对策

（一）根据承载力开展渤海环境综合治理攻坚

结合《渤海环境综合治理攻坚战方案》，构建以流域—海岸带—海域污染综合防治为目标的渤海环境承载能力监测预警体系的，建立健全入海污染源（陆源、海源、大气沉降）的全覆盖监测体系，以及渤海环境质量状况的高时空分辨率监测体系；以污染源入海口为纽带，构建环渤海地区人为活动—污染物排海量—渤海环境质量之间的定量响应关系；在分区确定渤海水质保护目标的基础上，评估渤海环境承载能力状况，以及影响渤海环境承载能力的主要区域、产污主体类型等；基于渤海环境承载能力监测评估与风险预警结果，由生态环境主管部门提出主要污染源入海排污量控制要求，再逐级向上游产污主体分解的排污总量控制要求，最终形成对环渤海地区的产业结构和经济布局调整优化的导向机制。

统筹渤海生态环境的自然禀赋、海洋功能区划、重要海洋生态功能保护需求等，分区确定渤海环境保护目标；在此基础上，构建渤海主要污染物的环境承载能力评估方法体系，并根据源汇定量响应关系，提出主要污染源入海口的排污总量控制要求，将对入海污染源和渤海环境质量的监测结果直接转化为渤海环境承载能力的评估结果；依据产污源向海输运污染物的路径，采用跨界断面控制法，将入海口的排污总量控制要求逐级分解到上游控制断面，形成陆海统筹的排污总量控制机制（图10-15）。

一是贯彻落实《水污染防治行动计划》，分别制定实施河北省、天津市、辽宁省、山东省近岸海域水质考核制度，将河流入海口水质考核与地表水跨界断面水质考核紧密结

渤海环境承载能力 ⟶ 入海口控制要求 ⟶ 流域控制要求 ⟶ 区县控制要求

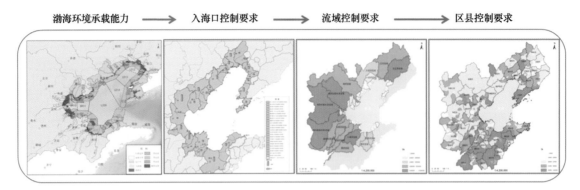

图 10-15 基于渤海环境承载能力的陆海统筹排污总量控制策略

合，促进陆海统筹的水体污染防治；按照生态优先的原则，根据海洋环境保护的要求和区域经济社会发展需求等，综合核定环渤海各县区 COD、总氮、总磷等的中长期减排目标。

二是制定实施区域协同的环渤海排污总量控制制度，共同开展流域–海域排污状况及环境影响的诊断评估，统筹实施产业结构调整和绿色化转型，加强区域污水处理能力建设，科学规划离岸深水排放工程项目，开展河海联动的区域污染治理工程，降低近岸海域污染风险及生态灾害风险，切实保障滨海休闲娱乐区、海洋渔业用海区等的环境质量[74]。同时配合人工岸线生态修复和湿地保护工程的建设，增强污染净化能力，逐步实现渤海海洋环境质量的总体好转。

（二）渤海资源环境承载能力监测预警业务体系的构建

基于渤海资源环境现状及面临的人为活动压力，当前迫切需要构建高时空覆盖率的渤海资源环境承载能力监测预警业务体系，把渤海海洋资源状况、生态环境状况与对其产生压力影响的环渤海经济社会状况统筹起来监测，基于渤海生态环境健康和经济社会协调可持续发展的需求，科学评估渤海资源环境对环渤海地区人为活动的承载能力，分类筛选渤海资源环境超载区域，并对存在超载风险的海域提前预警，提出与之相关的流域、海岸带和海上人为开发活动的限制性措施，为充分发挥海洋综合管控对环渤海经济社会活动的导向作用奠定坚实的基础。

为了减轻海洋资源环境的压力，提高资源环境承载社会经济发展的能力，除了上述列举的海洋空间资源、环境资源、生态资源和渔业资源的具体对策以外，还需要建立有效的海洋资源环境承载能力监测、评价和管理体系，实现本地区的海洋资源环境科学化、制度化和业务化高效管理。

首先以资源环境承载力试评价为基础，结合各评价单元的社会经济发展情况，划定具有针对性和管理价值的资源环境要素承载能力红线。对承载能力进行监测预警，当开发接近设定红线水平时，提出警告、警示。对超载的，实行限制性措施，防止过度开发后造成不可逆的严重后果，有效提高资源利用效率和生态保护能力。对不同用途的海域空间，探索提高承载力的途径。

其次需要布局建设覆盖区域范围内所有敏感区、敏感点的主要污染物监测网络，完善资源环境的信息采集工作体系，建立海洋资源环境承载能力动态数据库和计量、仿真分析以及预警系统，解决目前业务化监测与管理工作脱节和响应滞后的问题。深入研究不同发展情景下的资源压力、环境影响及其时空特征，使资源环境承载力的动态性特征在评价过程中加以体现。

开展定期监控，设立资源环境承载力综合指数，设置预警控制线和响应线。建立资源环境承载能力信息和报告公示制度，加强公众监督和多种形式的管理参与。做好与关联的资源环境制度政策的配套和衔接。充分发挥资源环境承载力的指标作用，以承载能力为依据，合理确定产业规模，对海洋产业规划目标、任务和主要内容进行适当调整。做好预警应对工作，及时落实好限产、限排等污染防控措施。大力加强环境执法监管，严格问责，在环境污染重点区域，有效开展污染和生境破坏联防联控工作，逐步建立政府—公众—企业—科研部门协作的资源环境可持续发展长效机制。

（三）实施海岸线和海域开发强度控制

（1）贯彻落实海洋主体功能区规划和海洋功能区划制度，编制实施海岸带综合保护与开发利用规划，明确各类岸线和海域的利用方向、开发强度与保护要求，优化海洋资源开发保护的空间布局，科学划定天津和河北沿海县级行政区的海洋生产、生活、生态空间开发管制界限，划定禁止围填海区、禁止开发区等，强化各级政府的主体责任，控制和规范各类用海行为。

（2）制定严格的围填海总量控制制度，严把建设用海供应"闸门"，推进高效、集约用地用海，严格围填海计划管理。加大闲置围填海处置力度，制定存量使用管理办法，在天津滨海新区、曹妃甸区和黄骅区等加快推进围填海土地的节约高效利用，引导新上优质项目向已围填海区域聚集。落实自然岸线保有率总量控制制度，严格限制各类用海占用自然岸线，坚持岸线的生态化利用。

（3）对高能耗、高污染特别是钢铁、水泥、玻璃、化工等产能严重过剩行业项目，一律不安排指标，不予受理预审，不得办理供地用海手续。

（4）从管理效率来说，应调整管理思路，简化审批程序，加快审批速度，创造条件促进填海造地新空间的有效利用，促进新增填海土地资源的经济化，切实做好政府管制向政府服务功能的转变，让行政部门成为地方社会经济发展的优势因素，积极调动国内外的人力和资金资源，为京津冀滨海地区做好对内陆腹地产业转移的承接提供坚实保障。

（四）海洋渔业资源可持续开发利用

（1）建立健全海洋渔业资源监测制度，根据滦河口浴场、渤海湾浴场的渔业资源分布格局及变化趋势，调整优化区域水产种质资源保护区范围和保护要求等。

（2）有效压减严重过剩的海洋捕捞强度，重点包括依法打击涉渔"三无"船舶（指用于渔业生产经营活动、无船名号、无船籍港、无船舶证书的船舶）和违反休渔规定等违法生产经营行为，全面开展渔船"船证不符"整治、禁用渔具整治和污染海洋环境行为整治。

（3）做好海洋渔业资源养护和栖息地保护工作，组织力量加强对一些海洋经济价值较高品种的人工繁殖研究，以增加区域内增殖放流品种的选择性，进一步提高增殖放流的经济效益和生态效益；同时应综合开展河流入海生态用水的保障控制、陆源污染治理和生态修复等工作，严格控制围填海区域、强度和填海方式等，降低涉海工程对渔业资源的影响。

（五）海洋生态保护与建设

（1）贯彻落实海洋生态红线制度，将近岸海域环境质量底线和生态保护红线要求细化分配至沿海县级行政区，并实施分类动态管理，确保区域海洋生态系统结构和服务功能可持续。

（2）健全区域海洋保护区网络体系，实现对区域内重要滨海湿地、珍稀濒危海洋生物及栖息地、重要渔业资源养护区、海洋生物多样性维护区等的全覆盖、网络化保护以及对相关联人为活动的严格管控。

（3）制定和实施环渤海海岸带整治修复与生态建设计划，与"南红北柳"生态建设工程、"蓝色海湾"整治修复工程相衔接，将其作为城乡建设、国土整治的重要内容，纳入国民经济发展计划，统筹实施退养还湿、岸线整治等综合整治修复工程。重点在昌黎和乐亭实施围海养殖区的退养还湿工程，在曹妃甸、秦皇岛市辖区和天津滨海新区实施人工岸线的生态化整治修复工程等。

（4）常态化实施区域内重要砂质岸滩的修复与养护工程。严格控制砂质海岸人工构筑物的建设，落实沙滩退缩线制度，防止不合理海岸和海洋工程破坏海岸动态平衡；加强整治修复岸滩管护，强化海岸侵蚀跟踪监测，建立侵蚀速率评估预警制度，及时开展强侵蚀区的沙滩维护。

（六）海洋生态环境风险管理

（1）统筹开展环渤海海岸带和近岸海域生态环境灾害风险调查评估与区划，根据风险管理要求，调整优化流域和海岸带地区相关化工产业、污染企业等的规模和空间布局，促进产业结构调整和转型发展，从源头上降低区域风险源数量、密集度和风险强度。

（2）加强渤海海洋生态灾害和突发污染事故风险监测预警，在生态环境监测网络体系的大框架下，依据海洋生态环境风险类型和风险特征，统一规划布局在线连续监测—卫星遥感监测—船舶走航监测相结合的立体动态监测体系，研制区域海洋动力环境数值模拟和预报模式，提高对与公众用海健全安全密切相关的各类生态环境灾害风险预警预报能力，建设京津冀协同、海陆衔接的生态环境灾害预警预报信息系统。

（3）加强海洋生态环境灾害应急响应与处置能力建设，针对各县级区的生态环境风险特征，分区建设应对特征灾害风险的应急响应和处置能力，重点加强危化品泄漏事故、溢油事故、海洋赤潮/绿潮事故等的应急处置能力建设，形成海洋生态环境灾害 3 h 应急响应圈和重点海域 2 h 应急响应圈。

参考文献

［1］ 毛汉英，余丹林. 环渤海地区区域承载力研究［J］. 地理学报，2001，56（3）：363-371.

［2］ 张林波，李文华，刘孝富，等. 承载力理论的源起、发展与展望［J］. 生态学报，2009，29（2）：878-888.

［3］ 狄乾斌. 海域承载力的理论、方法与实证研究［D］. 大连：辽宁师范大学，2004.

［4］ 毛汉英，余丹林. 区域承载力定量研究方法探讨［J］. 地球科学进展，2001，16（4）：549-555.

［5］ UNESCO & FAO. Carrying Capacity Assessment with a Pilot Study of Kenya：a Resource Accounting Methodology for Exploring National Options for Sustainable Development［R］. Rome：Food and Agriculture Organization of the United Nations，1985.

［6］ Graymore M. Journey to Sustainability：Small Regions，Sustainable Carrying Capacity and Sustainability Assessment Methods［D］. Brisbane：Griffith University，2005.

［7］ Price D. Carrying capacity reconsidered［J］. Population and Environment，1999，21（1）：5-26.

［8］ 王传艺，林征. 未来地球计划战略研究议程2014——全球可持续发展研究战略优先领域［M］. 北京：气象出版社，2015.

［9］ Seidl I，Tisdell C A. Carrying capacity reconsidered：From Malthus' population theory to cultural carrying capacity［J］. Ecological Economics，1999，31（3）：395-348.

［10］ Clarke A L. Assessing the carrying capacity of the Florida Keys［J］. Population & Environment，2002，23（4）：405-418.

［11］ OECD.Sustainable Consumption and Production：Clarifying the Concepts［M］. Paris：OECD Proceedings，1997.

［12］ Maltus T R. An essay on the principle of population［M］. London：St Paul's Church-Yard，1798.

［13］ 威廉·福格特（著）. 张子美（译）. 生存之路［M］. 北京：商务印书馆，1981.

［14］ Bernard F E，Thom D J. Population pressure and human carrying capacity in selected locations of Machakos and Kitui Districts［J］. Journal of Developing Areas，1981，15（3）：381-406.

［15］ Cohen J E. How Many People Can the Earth Support？［M］. New York：W. W. Norton & Co.，1995.

［16］ Dhondt A A. Carrying capacity：A confusing concept［J］. Acta Oecologica／Oceologia Generalis，1988，9（4）：337-346.

［17］ Arrow K，Bolin B，Costanza R，et al. Economic growth，carrying capacity and the environment［J］. Science，1995，268（1）：89-90.

［18］ 樊杰，周侃，王亚飞. 全国资源环境承载能力预警（2016版）的基点和技术方法进展［J］. 地理科学进展，2017，36（03）：266-276.

［19］ 张林波. 城市生态承载力理论与方法研究——以深圳为例［M］，北京：中国环境科学出版社，2009.

［20］ 樊杰，周成虎，顾行发，等. 国家汶川地域灾后重建规划资源环境承载能力评价［M］. 北京：科学出版社，2009.

［21］ 樊杰. 玉树地震灾后恢复重建资源环境承载能力评价［M］. 北京：科学出版社，2010.

［22］ 樊杰. 芦山地震灾后恢复重建资源环境承载能力评价［M］. 北京：科学出版社，2014.

［23］ 樊杰，王传胜，汤青，等. 鲁甸地震灾后重建的综合地理分析与对策研讨［J］. 地理科学进展，2014，33（8）：1011-1018.

［24］ Verhulst P F. Notice sur la loi que la population suit dansson accroissement. Correspondance mathématique et physique publiée par A［J］. Quetelet，1838，10：113-121.

［25］ Park R F，Burgoss E W. An Introduction to the Science of Sociology［M］. Chicago：The University of Chicago Press，1921.

［26］ Hadwen I A S，Palmer L J. Reindeer in Alaska［M］. Washington：US Department of Agriculture，1922.

［27］ Leopold A. Wilderness as a land laboratory. In Nelson M P，Callicott J B. The Wilderness Debate Rages on：Continuing the Great New Wilderness Debate［M］. Athens：University of Georgia Press，2008.

［28］ 王开运，邹春表，张桂莲，等. 生态承载力复合模型系统与应用［M］. 北京：科学出版社，2007.

［29］ Meadows D H，Meadows D L，Randers J，et al. The limits to Growth：A Report for the Club of Rome's Project on the Predicament of Mankind［M］. New York：Universe Books，1972.

［30］ FAO. Potential Population Supporting Capacities of Lands in Developing World［R］. Rome：Food and Agriculture Organization of the United Nations，1982.

［31］ 吕晓飞，戴琳曼，李建松，等. 海洋资源环境承载能力评价算法设计与系统实现［J］. 地理空间信息，2018，16（6）：50-53.

［32］ 张晓昱，袁广旺，矫新明，等. 连云港市海洋资源环境承载能力评估研究［J］. 海洋环境科学，2018，37（4）：537-544.

［33］ 黄苇，谭映宇，张平. 渤海湾海洋资源、生态和环境承载力评价［J］. 环境污染与防治，2012，34（6）：101-109.

［34］ 郑克芳，田天，张海宁. 近岸海域资源环境承载能力评估方法研究综述［J］. 海洋信息，2015（1）：30-35.

［35］ 苗丽娟，王玉广，张永华，等. 海洋生态环境承载力评价指标体系研究［J］. 海洋环境科学，2006，25（3）：75-77.

［36］ 刘洋，刘志国，何彦龙，等. 基于非平衡产量模型的海洋渔业资源承载力评估—以浙江省为例［J］. 海洋环境科学，2016，35（4）：534-539.

［37］ 刘锦怡，陈斯典，江天久. 海洋生态环境承载力研究——以深圳东部海域为例［J］. 海洋环境科学，2017，36（4）：560-565.

［38］ 任建兰，常军，张晓青，等. 黄河三角洲高效生态经济区资源环境综合承载力研究［J］. 山东社会科学，2013（1）：140-145.

［39］ 翟仁祥. 江苏省海洋承载力测度评价［J］. 江苏农业科学，2014，42（4）：398-401.

［40］ 王克. GEP 语境下城市承载力的保值增值［J］. 中国经济周刊，2016，4.

［41］ 苏子龙，袁国华. 我国海域承载力研究综述［J］. 资源与产业，2016，18（6）：15-20.

［42］ 刘述锡，王媛，王睿睿，等. 海洋资源环境超载红线区划定方法研究［J］. 海洋通报，2017，36（5）：497-503.

［43］ 苏蔚萧. 典型区域海岸带综合承载力评估——以天津滨河新区为例［D］. 青岛：中国海洋大学，2013.

［44］ 鲍晨光，张志锋，梁斌，等. 海水环境承载能力预警分区研究——以渤海为例［J］. 海洋环境科学，2018，37（4）：482-486.

［45］ 杨传霞. 我国海岸带资源环境承载力评价初步研究［J］. 海洋开发与管理，2016，33（6）：109-112.

［46］ 谭映宇. 渤海内主要海湾资源和生态环境承载力比较研究［J］. 中国人口·资源与环境，2012，22（12）：

7-12.

[47] 王静. 基于资源环境承载能力的烟台市海洋产业空间布局优化研究 [D]. 济南：山东师范大学，2016.

[48] 王金坑，颜利，余兴光. 海洋环境分类管理分级控制区划理论体系研究 [J]. 应用海洋学学报，2009，28（1）：77-81.

[49] 王菊英，穆景利，马德毅. 浅析我国现行海水水质标准存在的问题 [J]. 海洋开发与管理，2013（7）：28-33.

[50] 任新君. 海域承载力和海水养殖业布局的内在作用机理研究 [D]. 青岛：中国海洋大学，2010.

[51] 池源，石洪华，孙景宽，等. 城镇化背景下海岛资源环境承载力评估 [J]. 自然资源学报，2017，32（8）：1374-1384.

[52] 张洁. 海洋生态承载力研究——以辽宁省为例 [D]. 辽宁师范大学，2013.

[53] 叶属峰等著. 长江三角洲海岸带区域综合承载力评估与决策：理论与实践 [M]. 北京：海洋出版社，2012.

[54] 叶有华，韩宙，孙芳芳，等. 小尺度资源环境承载力预警评价研究 ——以大鹏半岛为例 [J]. 生态环境学报，2017，26（8）：1275-1283.

[55] 马彩华，游奎. 海洋环境承载力与生态补偿关系研究 [M]. 北京：知识产权出版社，2010.

[56] 徐文斌，郭灿文，王晶，等. 基于熵权 TOPSIS 模型的海岛地区资源环境承载力研究——以舟山普陀区、定海区为例 [J]. 海洋通报，2018，37（1）：9-16.

[57] 苏子龙，袁国华，郝庆，等. 基于熵权法的海洋生态环境承载力评价—以广西近岸海域为例 [J]. 中国国土资源经济，2018，14（2）：13-18.

[58] 向芸芸，陈培雄，杨辉，等. 基于资源环境承载力的海岛生态系统适应性管理——以温州市洞头区为例 [J]. 海洋环境科学，2018，37（4）：552-560.

[59] 刘伟. 海岛旅游环境承载力研究 [J]. 中国人口·资源与环境，2010，v. 20；No. 117（s2）：75-79.

[60] 刘明. 岛群资源、生态环境承载力评估理论和方法基本框架初探 [J]. 发展研究，2013（4）：79-84.

[61] 周伟，袁国华，罗世兴. 广西陆海统筹中资源环境承载力监测预警思路 [J]. 中国国土资源经济，2015（10）：8-12.

[62] 霍军. 海域承载力影响因素与评估指标体系研究 [D]. 青岛：中国海洋大学，2010.

[63] 黄华梅，谢健，陈绵润，等. 基于资源环境承载力理论的海洋生态红线制度体系构建 [J]. 生态经济（中文版），2017，33（9）：174-179.

[64] 涂振顺，杨顺良，姬厚德. 无居民海岛资源环境承载力多目标规划模型初探 [J]. 海洋开发与管理，2018，35（3）：81-86.

[65] 兰冬东，王紫竹，宫云飞，等. 大连海洋资源承载力评估与对策建议 [J]. 海洋开发与管理，2015，32（7）：64-67.

[66] 孟昭彬. 环渤海地区海洋资源环境对经济发展的承载能力研究 [D]. 大连：辽宁师范大学，2008.

[67] 刘佳，万荣，陈晓文. 山东省蓝色经济区海洋资源承载力测评 [J]. 海洋环境科学，2013，32（4）：619-624.

[68] 薄文广，孙元瑞，左艳，等. 天津市海洋资源承载力定量分析研究 [J]. 中国人口·资源与环境，2014，v. 24；No. 171（s3）：407-409.

[69] 狄乾斌，吴桐. 中国海洋资源承载力的时空演变特征及影响因素 [J]. 地理与地理信息科学，2018（1）：121-126.

[70] 狄乾斌，吴佳璐，张洁. 基于生物免疫学理论的海域生态承载力综合测度研究——以辽宁省为例 [J]. 资

源科学，2013，35（1）：21-29.

[71] 陈春亮，梁春林，孙省利. 基于生态环境脆弱的海岸带承载力评价研究——以雷州半岛为例 [J]. 海洋开发与管理，2014，31（6）：88-95.

[72] 李京梅，许玲. 青岛市蓝色经济区建设的海洋资源承载力评价 [J]. 中国海洋大学学报（社会科学版），2013（6）：8-13.

[73] 任光超，杨德利，管红波. 我国沿海省份海洋资源承载力比较分析 [J]. 黑龙江农业科学，2011（10）：65-68.

[74] 刘容子，吴姗姗. 环渤海地区海洋资源对经济发展的承载力研究 [M]. 北京：科学出版社，2009.

[75] 叶孙忠，罗冬莲，杨芳，等. 东山湾渔业资源承载力评价指标体系构建及评估 [J]. 海洋环境科学，2018，37（4）：572-580.

[76] 张绪良，张朝晖，苏蔚潇. 黄河三角洲海岸带生态承载力综合评价 [J]. 安全与环境学报，2015，15（6）：364-369.

[77] 韩增林，狄乾斌，刘锴. 辽宁省海洋水产资源承载力与可持续发展探讨 [J]. 海洋开发与管理，2003，20（2）：52-57.

[78] 韩立民，任新君. 海域承载力与海洋产业布局关系初探 [J]. 太平洋学报，2009（2）：80-84.

[79] 徐雪. 基于状态空间模型的海域资源承载力定量研究——以山东省为例 [J]. 全国流通经济，2016（6）：52-54.

[80] 刘述锡，崔金元. 长山群岛海域生物资源承载力评价指标体系研究 [J]. 中国渔业经济，2010（2）：86-91.

[81] 王忠蕾，张训华，许淑梅，等. 海岸带地区环境承载能力评价研究综述 [J]. 海洋地质前沿，2010（8）：28-34.

[82] 刘康，韩立民. 海域承载力本质及内在关系探析 [J]. 太平洋学报，2008（9）：69-75.

[83] 刘佳，于水仙，王佳. 滨海旅游环境承载力评价与量化测度研究——以山东半岛蓝色经济区为例 [J]. 中国人口·资源与环境，2012，22（9）：163-170.

[84] 潘翔，陈鹏，陈庆辉. 国内外海岛承载力研究综述与展望 [J]. 海洋开发与管理，2014，31（12）：61-65.

[85] 梁春林，陈春亮，孙省利. 海岸带生态承载力评价实例研究 [J]. 广东石油化工学院学报，2013（3）：26-30.

[86] 韩增林，狄乾斌，刘锴. 海域承载力的理论与评价方法 [J]. 地域研究与开发，2006，25（1）：1-5.

[87] 付会. 海洋生态承载力研究 [D]. 中国海洋大学，2009.

[88] 王学军. 地理环境人口承载潜力及其区际差异 [J]. 地理科学，1992，12（4）：322-327.

[89] 关道明，张志锋，杨正先，等. 海洋资源环境承载能力理论与测度方法的探索 [J]. 中国科学院院刊，2016，31（10）：1241-1247.

[90] 杨正先，张志锋，韩建波，等. 海洋资源环境承载能力超载阈值确定方法探讨 [J]. 地理科学进展，2017，36（3）：313-319.

[91] 曹可，张志锋，马红伟等. 基于海洋功能区划的海域开发利用承载能力评价——以津冀海域为例 [J]. 地理科学进展，2017，36（3）：320-326.

[92] 狄乾斌，韩增林，刘锴. 海域承载能力研究的若干问题 [J]. 地理与地理信息科学，2004，20（5）：50-53.

[93] 杨正先，张志锋，索安宁，等. 海洋资源环境承载能力评价方法的管理适用性研究 [J]. 海洋开发与管

理，2017，34（12）：85-88.

[94]　韩增林，狄乾斌，刘锴. 海域承载能力的理论与评价方法 [J]. 地域研究与开发，2006，25（1）：1-5.

[95]　罗芳，伍国荣，王冲，等. 内梅罗污染指数法和单因子评价法在水质评价中的应用 [J]. 环境与可持续发展，2016，41（05）：87-89.

[96]　Meadows D，Randers J. The Limits to Growth：A Report for the Club of Rome´s Project on The Predicament of Mankind [M]. New York：Universe Books，1972.

[97]　William R，Wackernagel M. Ecological footprint and appropriated carrying capacity：what urban economics leaves out? [J]. Environment and Urbanization，1992，4（2）：121-130.

[98]　Arrow K，Bolin B，Costanza R. Economic growth，carrying capacity，and the environment [J]. Science，1995，268：520-521.

[99]　Abernethy V D. Carrying capacity：the tradition and policy implications of limits [J]. Ethics in Science & Environmental Politics，2001，2001：9-18.

[100]　臧成丽. 基于"木桶原理"的综合评价方法研究及应用 [D]. 成都：成都理工大学，2012.

[101]　秦寿康. 综合评价原理及应用 [M]. 北京：电子工业出版社，2003.

[102]　徐国泉，姜照华，薛宏雨. 基于生态足迹理论的生态承载力分析——以大连市为例 [J]. 国土资源科技管理，2004（03）：1-5.

[103]　张振龙，孙慧，苏洋. 新疆干旱区水资源生态足迹与承载力的动态特征与预测 [J]. 环境科学研究，2017，30（12）：1880-1888.

[104]　刘蕊. 海洋资源承载力指标体系的设计与评价 [J]. 广东海洋大学学报，2009，29（5）：6-9.

[105]　刘楠楠，朱庆林，余静，等. 山东半岛海洋资源环境承载能力研究 [J]. 海洋开发与管理，2018（01）：88-94.

[106]　张晓霞，陶平，程嘉熠，等. 海岛近岸海域资源环境承载能力评价及其应用 [J]. 环境科学研究，2016，29（11）：1725-1734.

[107]　朱凤武，高永年，鲍桂叶. 江苏沿海地区土地综合承载力指标预警与短板要素识别 [J]. 长江流域资源与环境，2015，24（S1）：15-22.

[108]　彭兰香，王莎. 基于"木桶理论"的我国水环境审计监管改进探析 [J]. 审计与理财，2015（06）：12-15

[109]　谢铉洋. 从木桶理论的发展史浅议管理研究方法 [J]. 技术经济与管理研究，2013（04）：50-54.

[110]　Mc Cool S，Lime D. Tourism carrying capacity：Tempting fantastor useful reality [J]. Journal of Sustainable Tourism，2001，9（5）：372-388.

[111]　Suo A N，Ma H W，Li F，et al. Coastline carrying capacity monitoring and assessment based on GF-1 satellite remote sensing images [J]. EURASIP Journal on Image and Video Processing，2018，84（online）.

[112]　索安宁，杨正先，宋德瑞，等. 海洋资源环境承载能力监测预警业务体系构建与应用初探 [J]. 海洋环境科学，2018，37（4）：613-618.

[113]　卫宝泉，索安宁，杨正先等. 基于海洋功能区划的江苏省海岸线开发承载能力评价 [J]. 海洋环境科学，2018，37（4）：514-520.

[114]　杨正先，索安宁，张振冬，苏岫，卫宝泉. "短板效应"理论在资源环境承载能力评价中的应用及优化研究 [J]. 海洋环境科学，2018，37（4）：602-607.

[115]　苏岫，索安宁，宋德瑞，等. 基于遥感的长江口及邻近海域滩涂生态承载力评估 [J]. 海洋环境科学，2018，37（4）：528-536.

［116］ 余丹林，毛汉英，高群. 状态空间衡量区域承载状况初探——以环渤海地区为例［J］. 地理研究，2003，22（2）：201-210.

［117］ Meier R L. Urban carrying capacity and steady state considerations in planning for the Mekong Valley region［J］. Urban Ecology，1978，3（1）：1-27.

［118］ Monte-Luna P D，Brook B W，Zetina-rejo M J，*et al*. The carrying capacity of ecosystems［J］. Global Ecology and Biogeography，2004，13（6）：485-495.

［119］ 焦雯君，闵庆文，李文华，等. 基于 ESEF 的水生态承载力：理论、模型与应用［J］. 应用生态学报，2015，26（4）：1041-1048.

［120］ Barrett G W，Odum E P. The twenty-first century：The world atcarrying capacity［J］. Bio Science，2000，50（4）：363-368.

［121］ 刘殿生. 资源与环境综合承载力分析［J］. 环境科学研究，1995，8（5）：7-12.

［122］ Hardin G. Cultural carrying capacity：A biological approach tohuman problems［J］. Bio Science，1986，36（9）：599-604.

［123］ Daily G C，Ehrlich P R. Socioeconomic equity，sustainability，and Earth's carrying capacity［J］. Ecological Applications，1996，6（4）：991-1001.

［124］ Cohen J E. Population，economics，environmental and culture：An introduction to human carrying capacity［J］. Journal ofApplied Ecology，1997，34（6）：1325-1333.

［125］ William A. The African Husbandman［M］. Edinburg：Oliver and Boyd，1965.

［126］ Australian UNESCO Seminar，Australian UNESCO Committee for Man and the Biosphere. Energy and how we live：Flinders University of South Australia，16 - 18 May 1973［M］. Canberra：Australian - UNESCO Committee，1973.

［127］ 王宁，刘平，黄锡欢. 生态承载力研究进展［J］. 生态农业科学，2004，20（6）：278-281.

［128］ 韩秋影，黄小平，施平. 海洋资源价值评估理论初步探讨［J］. 生态经济，2006（11）：27-30.

［129］ 刘容子. 我国滩涂资源价值量核算初探［J］. 海洋开发与管理，1994（4）：25-30.

［130］ 白辉，高伟，陈岩，等. 基于环境容量的水环境承载力评价与总量控制研究［J］. 环境污染与防治，2016，38（4）：103-106.

［131］ 刘年磊，卢亚灵，蒋洪强. 基于环境质量标准的环境承载力评价方法及其应用［J］. 地理科学进展，2017，36（3）：296-305.

［132］ 陈百明. 中国农业资源综合生产能力与人口承载能力［M］. 北京：气象出版社，2001.

［133］ 石玉林. 中国土地资源的人口承载能力研究［M］. 北京：中国科学技术出版社，1992.

［134］ 党安荣，阎守邕，吴宏歧，等. 基于 GIS 的中国土地生产潜力研究［J］. 生态学报，2000，20（6）：910-915.

［135］ 石洪华，王保栋，孙霞，等. 广西沿海重要海湾环境承载力评估［J］. 海洋环境科学，2012，31（1）：62-66.

［136］ 赵蕾，曹议丹，高伟明. 昌黎县海洋环境承载力评估研究［J］. 海洋科学，2016，40（8）：84-90.

［137］ 狄乾斌，韩雨汐，高群. 基于改进的 AD-AS 模型的中国海洋生态综合承载力评估［J］. 资源与产业，2015，17（1）：74-78.

［138］ 封志明，杨艳昭，游珍. 中国人口分布的土地资源限制性和限制度研究［J］. 地理研究，2014，33（8）：1395-1405.

［139］ Joardar S D. Carrying capacities and standards as bases towards urban infrastructure planning in India：A case of urban water supply and sanitation ［J］. Urban Infrastructure Planning in India，1998，22（3）：327-337.

［140］ Rijisberman M A，Ven F H M V D. Different approaches to assessment of design and management of sustainable urban water system ［J］. Environment Impact Assessment Review，2000，129（3）：333-345.

［141］ Harris J M，Kennedy S. Carrying capacity in agriculture：Globe and regional issue ［J］. Ecological Economics，1999，29（3）：443-461.

［142］ Varis O，Vakkilainen P. China's 8 challenges to water resourcesmanagement in the first quarter of the 21st Century ［J］. Geomorphology，2001，41（2-3）：93-108.

［143］ Falkenmark M，Lundqvist J. Towards water security：Politicaldetermination and human adaptation crucial ［J］. NaturalResources Forum，1998，21（1）：37-51.

［144］ 曹可，吴佳璐，狄乾斌，2012. 基于模糊综合评判的辽宁省海域承载力研究. 海洋环境科学，31（6）：838-842.

［145］ Scherer C R. On the efficient allocation of environmental assimilative capacity：The case of thermal emissions to a large body water ［J］. Water Research，1975，11（1）：180-181.

［146］ Cairns Jr J，Gallagher B J. Matching Heated Waste Water Dischargesto Environmental Assimilative Capacity ［R］. Blacksburg：Virginia Polytechnic Inst，1974.

［147］ Bishop A B. Carrying Capacity in Regional Environment Management ［M］. Washington：Government Printing Office，1974.

［148］ Schneider D，Godschalk D R，Axler N. The Carrying Capacity Concept as a Planning Tool ［M］. Chicago：American Planning Association，1978.

［149］ 韩立民，罗青霞，2010. 海域环境承载力的评价指标体系及评价方法初探. 海洋环境科学，29（3）：446-450.

［150］ 余建辉，张文忠，李佳洺. 资源环境耗损过程评价方法及其应用 ［J］. 地理科学进展，2017，36（3）：350-358.

［151］ 王淑莹，高春娣. 环境导论 ［M］. 北京：中国建筑工业出版社，2004.

［152］ 闫满存，王光谦，李保生，等. 基于模糊数学的广东沿海陆地地质环境区划 ［J］. 地理学与国土研究，2000，16（4）：41-48.

［153］ 靳超，周劲风，李耀初，等，2017. 基于系统动力学的海洋生态承载力研究——以惠州市为例. 海洋环境科学，36（4）：537-543.

［154］ 洪阳，叶文虎. 可持续环境承载力的度量及其应用 ［J］. 中国人口·资源与环境，1998，8（3）：55-58.

［155］ 封志明. 中国人口分布适宜度报告 ［M］. 北京：科学出版社，2014.

［156］ 高吉喜. 可持续发展理论探索——生态承载力理论、方法与应用 ［M］. 北京：中国环境科学出版社，2001.

［157］ 齐亚彬. 资源环境承载力研究进展及其主要问题剖析 ［J］. 中国国土资源经济，2005，18（5）：7-11.

［158］ 唐剑武，郭怀成，叶文虎. 环境承载力及其在环境规划中的初步应用 ［J］. 中国环境科学，1997，17（1）：6-9.

［159］ 刘东，封志明，杨艳昭. 基于生态足迹的中国生态承载力供需平衡分析 ［J］. 自然资源学报，2012，27（4）：614-624.

［160］ 李明，董少彧，张海红，等，基于多维状态空间与神经网络模型的山东省海域承载力评价与预警研究. 海洋通报，2015，34（6）：608-615.

［161］ 任光超，杨德利，管红波. 主成分分析法在我国海洋资源承载力变化趋势研究中的应用. 海洋通报，

2012, 31 (1)：21-25.

[162] Rees W E. Ecological footprints and appropriated carrying capacity：What urban economics leaves out [J]. Environment and Urbanization，1992，4 (2)：121-130.

[163] Wackernagel M，Rees W. Our Ecological Footprint：Reducing Human Impact on the Earth [M]. Gabriola Island，BC：New Society Publishers，1998.

[164] Rees W E. Eco - footprint analysis：Merits and brickbats [J]. Ecological Economics，2000，32 (3)：371-374.

[165] 许冬兰，李玉强，基于状态空间法的海洋生态环境承载力评价 [J]. 统计与决策，2013，(18)：58-60.

[166] 王启尧，海域承载力评价与经济临海布局优化研究 [M]. 青岛：中国海洋大学出版社，2011.

[167] 翁骏超，袁琳，张利权. 象山港海湾生态系统综合承载力评估 [J]. 华东师范大学学报：自然科学版，2015，4：110-122.

[168] 杜元伟，周雯，秦曼，等. 基于网络分析法的海洋生态承载力评价及贡献因素研究 [J]. 海洋环境科学，2018，37 (6)：899-907.

[169] Allan J A. Fortunately There Are Substitutes for Water OtherwiseOur Hydro-Political Futures would Be Impossible [C]. Southampton：Proceedings of the Conference on Priorities for Water Resources Allocation and Management，1993.

[170] Allan J A. Water Deficits and Management Options in AridRegions with Special Reference to the Middle East and North Africa [C]. Ruwi：Sultanate of Oman International Conference on Water Resources Management in Arid Countries，1995.

[171] Allan J A. Moving water to satisfy uneven global needs：Trading water as an alternative to engineering it [J]. ICID Journal，1998，47 (2)：1-8.

[172] Allan J A. Virtual water：A strategic resource global solutions to regional deficits [J]. Groundwater，1998，36 (4)：545-546.

[173] Hoekstra A Y，Hung P Q. Virtual Water Trade：A Quantification of Virtual Water Flows between Nations in Relation to International Crop Trade [R]. IHE Delft：Value of Water Research Report Series (No. 11)，2002.

[174] Odum H T，Odum E C. Emergy Basis for Man and Nature [M]. New York：McGraw-Hill，1981.

[175] Odum H T. Self-organization，transformity and information [J]. Science，1983，242 (4882)：1132-1139.

[176] 文世勇，赵冬至，张丰收，等. 赤潮灾害风险评估方法 [J]. 自然灾害学报，2009，18 (1)：106-111.

[177] 张晓霞，许自舟，程嘉熠，等. 赤潮灾害风险评估方法研究—以辽宁近岸海域为例 [J]. 水产科学，2015，34 (11)：708-713.

[178] 张耀辉，蓝盛芳. 自然资源评价的多角度透视 [J]. 农业现代化研究，1997，18 (6)：349-351.

[179] Sui C H，Lan S F. Principle and measure of urban ecosystem EMA [J]. Chongqing Environmental Sciences，1999，21 (2)：13-15.

[180] Lu H F，Ye Z，Zhao X F，et al. A new emergy index for urban sustainable development [J]. Acta Ecologic Sinica，2003，23 (7)：1363-1368.

[181] Huang S L，Lai H Y，Lee C L. Emergy hierarchy and urban landscape system [J]. Landscape and Urban Planning，2001，53 (1-4)：145-161.

[182] Lu H F，Lan S F，Chen F P，et al. Emergy study on dike-pond beco-agricultural engineering modes [J]. Transactions of the CSAE，2002，18 (5)：145-150.

[183] Odum H T，Doherty S J，Scatena F N，et al. Emergy evaluation of reforestation alternatives in Puerto Rico [J].

Forest Science, 2000, 46 (4)：521-530.

[184] Tilley D R, Swank W T. Emergy-based environmental systems assessment of a multi-purpose temperate mixed-forest watershed of the southern Appalachian Mountains, USA [J]. Journal of Environmental Management, 2003, 69 (3)：213-227.

[185] Brown M T, Odem H T, Tiley D R, et al. Emergy Synthesis 2：Theory and Applications of the Emergy Methodology [M]. Gainesville：University of Florida, 2003.

[186] 蓝盛芳, 钦佩, 陆宏芳. 生态经济系统能值分析 [M]. 北京：化学工业出版社, 2002.

[187] Odum H T, Odum E C, Blissett M. Ecology and economy：Emergy analysis and public policy in Texas [J]. Policy Research Project Report, 1987, 78：1-178.

[188] 陆宏芳, 沈善瑞, 陈洁, 等. 生态经济系统的一种整合评价方法：能值理论与分析方法 [J]. 生态环境, 2005, 14 (1)：121-126.

[189] 张燕, 徐建华, 曾刚, 等. 中国区域发展潜力与资源环境承载力的空间关系分析 [J]. 资源科学, 2009, 31 (8)：1328-1334.

[190] 封志明, 杨艳昭, 江东, 等. 自然资源资产负债表编制与资源环境承载力评价 [J]. 生态学报, 2016, 36 (22)：7140-7145.